쯔 합격

당신도 이번에 반드시 합격합니다!

무료강의

소방안전관리자 1급

5개년 기출문제

우석대학교 소방방재학과 교수 / 한국소방안전원 초빙교수 역임 **공하성** 지음

BM (주)도서출판 **성안당**

Preface

머리말

3일 끝장 합격!
한번에 합격할 수 있습니다.

- **1일** 2회분 기출
- **2일** 2회분 기출
- **3일** 1회분 기출 + 틀린 문제 총정리

저는 소방분야에서 20여 년간 몸담았고 학생들에게 소방안전관리자 교육을 꾸준히 해왔습니다. 그래서 다년간 한국소방안전원에서 초빙교수로 소방안전관리자 교육을 하면서 어떤 문제가 주로 출제되고, 어떻게 공부하면 한번에 합격할 수 있는지 잘 알고 있습니다.

이 책은 한국소방안전원 교재를 함께보면서 공부할 수 있도록 구성했습니다. 하루 8시간씩 받는 강습 교육은 매우 따분하고 힘든 교육입니다. 이때 강습 교육을 받으면서 이 책으로 함께 시험 준비를 하면 효과 '짱'입니다.

이에 이 책은 강습 교육과 함께 공부할 수 있도록 문제에 한국소방안전원 교재페이지를 넣었습니다. 강습 교육 중 출제가 될 수 있는 중요한 문제를 이 책에 표시하면서 공부하면 학습에 효과적일 것입니다.

문제번호 위의 별표 개수로 출제확률을 확인하세요.

★ 출제확률 30%	★★ 출제확률 70%	★★★ 출제확률 90%

한번에 합격하신 여러분들의 밝은 미소를 기억하며…….
이 책에 대한 모든 영광을 그분께 돌려드립니다.

저자 공하성 올림

▶▶ 기출문제 작성에 도움 주신 분
　　　박제민(朴帝玟)

시험 가이드

① ▸▸ 시행처

한국소방안전원(www.kfsi.or.kr)

② ▸▸ 진로 및 전망

- 빌딩, 각 사업체, 공장 등에 소방안전관리자로 선임되어 소방안전관리자의 업무를 수행할 수 있다.
- 건물주가 자체 소방시설을 점검하고 자율적으로 화재예방을 책임지는 자율소방 제도를 시행함에 따라 소방안전관리자에 대한 수요가 증가하고 있는 추세이다.

③ ▸▸ 시험접수

- 시험접수방법

구 분	시·도지부 방문접수(근무시간 : 09:00~18:00)	한국소방안전원 사이트 접수(www.kfsi.or.kr)
접수 시 관련 서류	• 응시수수료 결제(현금, 신용카드 등) • 사진 1매 • 응시자격별 증빙서류(해당자에 한함)	• 응시수수료 결제(신용카드, 무통장입금 등)

- 시험접수 시 기본 제출서류
  - 시험응시원서 1부
  - 사진 1매(가로 3.5cm×세로 4.5cm)

④ ▸▸ 시험과목

1과목	2과목
소방안전관리자 제도	소방시설(소화·경보·피난구조·소화용수·소화활동설비)의 점검·실습·평가
소방관계법령	소방계획 수립 이론·실습·평가 (화재안전취약자의 피난계획 등 포함)
건축관계법령	자위소방대 및 초기대응체계 구성 등 이론·실습·평가
소방학개론	작동기능점검표 작성 실습·평가
화기취급감독 및 화재위험작업 허가·관리	업무수행기록의 작성·유지 및 실습·평가
공사장 안전관리 계획 및 감독	구조 및 응급처치 이론·실습·평가

1과목	2과목
위험물 · 전기 · 가스 안전관리	소방안전 교육 및 훈련 이론 · 실습 · 평가
종합방재실 운영	화재 시 초기대응 및 피난 실습 · 평가
피난시설, 방화구획 및 방화시설의 관리	–
소방시설의 종류 및 기준	–
소방시설(소화 · 경보 · 피난구조 · 소화용수 · 소화활동설비)의 구조	–

⑤ ▸▸ 출제방법

- **시험유형** : 객관식(4지 선택형)
- **출제문항수** : 50문항(과목별 25문항)
- **배점** : 1문제 4점
- **시험시간** : 1시간(60분)

⑥ ▸▸ 합격기준 및 시험일시

- **합격기준** : 매 과목 100점을 만점으로 하여 매 과목 40점 이상, 전 과목 평균 70점 이상
- **시험일정 및 장소** : 한국소방안전원 사이트(www.kfsi.or.kr)에서 시험일정 참고

⑦ ▸▸ 합격자 발표

홈페이지에서 확인 가능

⑧ ▸▸ 지부별 연락처

지부(지역)	연락처	지부(지역)	연락처
서울지부(서울 영등포)	02-850-1378	부산지부(부산 금정구)	051-553-8423
서울동부지부(서울 신설동)	02-850-1392	대구경북지부(대구 중구)	053-431-2393
인천지부(인천 서구)	032-569-1971	울산지부(울산 남구)	052-256-9011
경기지부(수원 팔달구)	031-257-0131	경남지부(창원 의창구)	055-237-2071
경기북부지부(파주)	031-945-3118	광주전남지부(광주 광산구)	062-942-6679
대전충남지부(대전 대덕구)	042-638-4119	전북지부(전북 완주군)	063-212-8315
충북지부(청주 서원구)	043-237-3119	제주지부(제주시)	064-758-8047
강원지부(횡성군)	033-345-2119	–	–

CONTENTS

차 례

기출문제가 곧 적중문제

2024~2020년 기출문제

2024~2020년
기출문제

우리에겐 무한한 가능성이 있습니다.

2024년 기출문제

제 ① 과목

★★★
01 11층의 건물에 옥내소화전 7개, 옥외소화전 3개가 설치되어 있을 때 필요한 수원의 양은?

유사문제
23년 문18

교재 2권
PP.37
-38,
P.60

① 19.2m^3　　　　　② 25m^3

③ 27m^3　　　　　④ 39.2m^3

해설 (1) 옥내소화전설비 수원의 저수량

$$Q = 2.6N\text{(30층 미만, } N\text{ : 최대 2개)} \boxed{보기 ①}$$
$$Q = 5.2N\text{(30~49층 이하, } N\text{ : 최대 5개)}$$
$$Q = 7.8N\text{(50층 이상, } N\text{ : 최대 5개)}$$

여기서, Q : 수원의 저수량[m^3]

　　　　N : 가장 많은 층의 소화전개수

수원의 **저수량** Q는

$$Q = 2.6N = 2.6 \times 2 = 5.2\text{m}^3$$

(2) 옥외소화전설비 수원의 저수량

$$Q = 7N \boxed{보기 ①}$$

여기서, Q : 수원의 저수량[m^3]

　　　　N : 옥외소화전 설치개수(**최대 2개**)

수원의 저수량 Q는

$$Q = 7N = 7 \times 2 = 14\text{m}^3$$

$$\therefore 5.2\text{m}^3 + 14\text{m}^3 = 19.2\text{m}^3$$

정답 ①

★★
02 차동식 스포트형 감지기의 설명으로 옳은 것은?

유사문제
23년 문25

교재 2권
P.108

① 감열실, 다이어프램, 리크구멍, 접점 등으로 구분한다.

② 바이메탈, 감열판 및 접점 등으로 구분한다.

③ 주위 온도가 일정온도 이상이 되었을 때 작동한다.

④ 보일러실, 주방 등에 설치한다.

해설

② · ③ · ④ 정온식 스포트형 감지기에 대한 설명

감지기의 구조

정온식 스포트형 감지기	차동식 스포트형 감지기
① **바이메탈, 감열판, 접점** 등으로 구성 보기 ② 공하성 기억법 **바정(봐줘)** ② **보일러실, 주방** 설치 보기 ④ ③ 주위온도가 **일정온도** 이상이 되었을 때 작동 보기 ③	① **감열실, 다이어프램, 리크구멍, 접점** 등으로 구성 보기 ① ② **거실, 사무실** 설치 ③ 주위온도가 **일정상승률** 이상이 되는 경우에 작동 공하성 기억법 **차감**

‖ 정온식 스포트형 감지기 ‖

‖ 차동식 스포트형 감지기 ‖

정답 ①

★★★
03 위험물류별 특성으로 틀린 것은?

유사문제 21년 문14

① 제1류 위험물은 산화성 고체로 가열, 충격, 마찰 등에 의해 분해되고 산소를 방출한다.
② 제2류 위험물은 가연성 고체로 연소시 유독가스가 발생한다.

교재 1권 PP.197 -198

③ 제4류 위험물은 인화성 액체로 주수소화 불가능한 것이 대부분이다.
④ 제6류 위험물은 산화성 액체로 가열, 충격, 마찰 등에 의해 분해되고 산소를 방출한다.

해설

④ 가열, 충격, 마찰 등에 의해 분해되고 산소를 방출한다. → 강산으로 산소를 발생하는 조연성 액체로 일부는 물과 접촉하면 발열된다.

위험물

유 별	성 질	설 명
제**1**류	산화성 고체 보기 ① 공하성 기억법 **1산고(일산고)**	● 강산화제 ● 가열, 충격, 마찰 등에 의해 분해되고 **산소** 방출
제**2**류	가연성 고체 보기 ② 공하성 기억법 **2가고(이가 고장)**	● 저온착화 ● 연소시 유독가스 발생
제**3**류	자연**발**화성 물질 및 금수성 물질 공하성 기억법 **3발(세발낙지)**	물과 반응

제4류	인화성 액체 보기 ③	• 물보다 가볍고 증기는 공기보다 무거움 • **주수소화 불가능**
제**5**류	자기반응성 물질	**산**소 함유 종화성 **기억법** 5산(오산지역)
제6류	**산**화성 액체 보기 ④ 종화성 **기억법** 산액	• 조연성 액체 • **강산**으로 **산소** 발생

정답 ④

04 종합방재실의 설치기준에 대한 설명으로 옳은 것은?

유사문제
24년 문17
21년 문12

교재 1권
PP.245
-246

① 공동주택의 경우 관리사무소 내에 설치할 수 없다.
② 종합방재실은 반드시 1층에 설치해야 한다.
③ 종합방재실의 면적은 30m² 로 해야 한다.
④ 재난정보 수집 및 제공, 방재활동의 거점 역할을 할 수 있는 곳이어야 한다.

 해설

① 없다. → 있다.
② 반드시 1층 → 1층 또는 피난층
③ 30m² → 20m²

(1) **종합방재실의 위치**
① **1층** 또는 **피난층** 보기 ②
② 초고층 건축물 등에 특별피난계단이 설치되어 있고, 특별피난계단 출입구로부터 **5m** 이내에 종합방재실을 설치하려는 경우에는 **2층** 또는 **지하 1층**에 설치할 수 있다.
③ 공동주택의 경우에는 **관리사무소 내**에 설치할 수 있다. 보기 ①
④ **비상용 승강장, 피난 전용 승강장** 및 **특별피난계단**으로 이동하기 쉬운 곳
⑤ 재난정보 수집 및 제공, 방재활동의 거점 역할을 할 수 있는 곳 보기 ④
⑥ **소방대**가 쉽게 도달할 수 있는 곳
⑦ **화재** 및 **침수** 등으로 인하여 피해를 입을 우려가 적은 곳

(2) **종합방재실의 구조 및 면적**
① 다른 부분과 방화구획으로 설치할 것(단, 다른 제어실 등의 감시를 위하여 두께 **7mm** 이상의 망입유리(두께 **16.3mm** 이상의 접합유리 또는 두께 **28mm** 이상의 복층유리 포함)로 된 **4m²** 미만의 붙박이창 설치 가능)
② 인력의 대기 및 휴식 등을 위하여 종합방재실과 방화구획된 부속실을 설치할 것
③ 면적은 **20m²** 이상으로 할 것 보기 ③
④ 재난 및 안전관리, 방범 및 보안, 테러 예방을 위하여 필요한 시설·장비의 설치와 근무인력의 재난 및 안전관리 활동, 재난 발생시 소방대원의 지휘활동에 지장이 없도록 설치할 것
⑤ 출입문에는 출입 제한 및 통제장치를 갖출 것

정답 ④

05 다음 방염대상물품 중 제조 또는 가공공정에서 방염처리를 한 물품이 아닌 것은?

유사문제
22년 문16
21년 문22

교재 1권
PP.59
-60

① 창문에 설치하는 커튼류(블라인드 포함)

② 종이류(두께 2mm 이상)

③ 암막·무대막(영화상영관에서 설치하는 스크린과 가상체험 체육시설업에 설치되는 스크린을 포함)

④ 섬유류 또는 합성수지류 등을 원료로 하여 제작된 소파·의자(단란주점, 유흥주점 및 노래연습장에 한함)

 해설

> ② 제조 또는 가공공정에서 방염처리를 한 물품이 아니고 건축물 내부의 천장이나 벽에 설치하는 물품이다.

방염대상물품

(1) **제조** 또는 **가공공정**에서 방염처리를 한 물품
　① 창문에 설치하는 **커튼류**(블라인드 포함) 보기 ①
　② 카펫
　③ **벽지류**(두께 2mm 미만인 종이벽지 제외)
　④ **전시용 합판·목재·섬유판**
　⑤ **무대용 합판·목재·섬유판**
　⑥ **암막·무대막**(영화상영관·가상체험 체육시설업의 **스크린** 포함) 보기 ③
　⑦ 섬유류 또는 합성수지류 등을 원료로 하여 제작된 **소파·의자**(단란주점·유흥주점·노래연습장에 한함) 보기 ④

(2) 건축물 내부의 **천장·벽**에 **부착·설치**하는 것
　① 종이류(두께 2mm 이상), 합성수지류 또는 **섬유류**를 주원료로 한 물품 보기 ②
　② **합판**이나 **목재**
　③ 공간을 구획하기 위하여 설치하는 **간이칸막이**
　④ 흡음·방음을 위하여 설치하는 **흡음재**(흡음용 커튼 포함) 또는 **방음재**(방음용 커튼 포함)

‖ 방염커튼 ‖

정답 ②

[06–08] 지상 4층, 연면적 5000m²인 공장 건물에 자동화재탐지설비 및 유도등이 설치되어 있다. 이 공장에 소방안전관리자 등을 2021년 3월 5일에 선임하였을 경우 다음 물음에 답하시오.

★★★
06 다음 특정소방대상물에 관하여 소방안전관리자, 소방안전관리보조자 선임에 관하여 옳은 것은?

유사문제
22년 문12
20년 문13
20년 문14
20년 문24

교재 1권
PP.11
-13

① 2급 소방안전관리자 1명, 소방안전관리보조자 1명
② 3급 소방안전관리자 1명, 소방안전관리보조자 1명
③ 2급 소방안전관리자 1명, 소방안전관리보조자 2명
④ 3급 소방안전관리자 1명, 소방안전관리보조자 없음

해설 (1) **자동화재탐지설비**가 설치되어 있으므로 **3급 소방안전관리대상물**에 해당되므로 **3급 소방안전관리자 1명**이 필요하다.

(2) 연면적이 **5000m²**로 **15000m²**를 초과하지 않으므로 소방안전관리보조자는 선임할 필요가 없다.

▌소방안전관리자 및 소방안전관리보조자를 선임하는 특정소방대상물 ▌

소방안전관리대상물	특정소방대상물
특급 소방안전관리대상물 (동식물원, 철강 등 불연성 물품 저장·취급창고, 지하구, 위험물제조소 등 제외)	• **50층** 이상(지하층 제외) 또는 지상 **200m** 이상 **아파트** • **30층** 이상(지하층 포함) 또는 지상 **120m** 이상(아파트 제외) • 연면적 **100000m²** 이상(아파트 제외)
1급 소방안전관리대상물 (동식물원, 철강 등 불연성 물품 저장·취급창고, 지하구, 위험물제조소 등 제외)	• **30층** 이상(지하층 제외) 또는 지상 **120m** 이상 **아파트** • 연면적 **15000m²** 이상인 것(아파트 및 연립주택 제외) • **11층** 이상(아파트 제외) • 가연성 가스를 **1000톤** 이상 저장·취급하는 시설
2급 소방안전관리대상물	• 지하구 • 가스제조설비를 갖추고 도시가스사업 허가를 받아야 하는 시설 또는 가연성 가스를 **100톤 이상 1000톤** 미만 저장·취급하는 시설 • **옥내소화전설비, 스프링클러설비** 설치대상물 • **물분무등소화설비**(호스릴방식 제외) 설치대상물 • 공동주택 • 목조건축물(국보·보물)
3급 소방안전관리대상물	• **자동화재탐지설비** 설치대상물 보기 ④ • **간이스프링클러설비**(주택전용 제외) 설치대상물

▌최소 선임기준▐

소방안전관리자	소방안전관리보조자
• 특정소방대상물마다 1명	• **300세대 이상 아파트** : **1명**(단, 300세대 초과마다 **1명** 이상 **추가**) • **연면적 15000m² 이상** : **1명**(단, 15000m² 초과마다 **1명** 이상 **추가**) 보기 ④ • **공동주택**(기숙사), **의료시설**, **노유자시설**, **수련시설** 및 **숙박시설**(바닥면적 합계 1500m² 미만이고, 관계인이 24시간 상시 근무하고 있는 숙박시설 제외) : **1명**

💬정답 ④

★★★
07 다음 특정소방대상물에 소방안전관리자 선임조건으로 옳은 것은? (단, 해당 소방안전관리자 자격증을 받은 경우이다.)

유사문제
21년 문01
20년 문14

교재 1권
PP.11
-14

① 2급 소방안전관리자 자격증을 받은 사람
② 3급 소방안전관리자 교육을 수료한 사람
③ 공공기관 소방안전관리에 관한 강습교육을 수료한 사람
④ 위험물기능사 자격이 있는 사람

해설

① 2급 소방안전관리자 자격증을 받은 사람은 3급 소방안전관리대상물에 선임 가능하므로 정답
② 교육을 수료한 사람 → 자격증을 받은 사람
③ 소방안전관리보조자 선임자격
④ 위험물기능사 자격이 있고 2급 소방안전관리자 자격증을 받은 사람

(1) **특급 소방안전관리대상물의 소방안전관리자 선임조건** 교재 1권 P.11

자 격	경 력	비 고
• 소방기술사 • 소방시설관리사	경력 필요 없음	특급 소방안전관리자 자격증을 받은 사람
• 1급 소방안전관리자(소방설비기사)	5년	
• 1급 소방안전관리자(소방설비산업기사)	7년	
• 소방공무원	20년	
• 소방청장이 실시하는 특급 소방안전관리대상물의 소방안전관리에 관한 시험에 합격한 사람	경력 필요 없음	

(2) 1급 소방안전관리대상물의 소방안전관리자 선임조건 　교재1권 PP.12-13

자 격	경 력	비 고
• 소방설비기사 · 소방설비산업기사	경력 필요 없음	1급 소방안전관리자 자격증을 받은 사람
• 소방공무원	7년	
• 소방청장이 실시하는 1급 소방안전관리대상물 의 소방안전관리에 관한 시험에 합격한 사람	경력 필요 없음	
• 특급 소방안전관리대상물의 소방안전관리자 자 격이 인정되는 사람		

(3) 2급 소방안전관리대상물의 소방안전관리자 선임조건 　교재1권 P.13

자 격	경 력	비 고
• 위험물기능장 · 위험물산업기사 · 위험물기능사	경력 필요 없음	2급 소방안전관리자 자격증을 받은 사람
• 소방공무원	3년	
• 소방청장이 실시하는 2급 소방안전관리대상물 의 소방안전관리에 관한 시험에 합격한 사람	경력 필요 없음	
• 「기업활동 규제완화에 관한 특별조치법」에 따 라 소방안전관리자로 선임된 사람(소방안전관 리자로 선임된 기간으로 한정)		
• 특급 또는 1급 소방안전관리대상물의 소방안전 관리자 자격이 인정되는 사람		

(4) 3급 소방안전관리대상물의 소방안전관리자 선임조건 　교재1권 PP.13-14

자 격	경 력	비 고
• 소방공무원	1년	3급 소방안전관리자 자격증을 받은 사람
• 소방청장이 실시하는 3급 소방안전관리대상물 의 소방안전관리에 관한 시험에 합격한 사람	경력 필요 없음	
• 「기업활동 규제완화에 관한 특별조치법」에 따 라 소방안전관리자로 선임된 사람(소방안전관 리자로 선임된 기간으로 한정)		
• 특급 소방안전관리대상물, 1급 소방안전관리대 상물 또는 2급 소방안전관리대상물의 소방안전 관리자 자격이 인정되는 사람		

(5) 소방안전관리보조자 선임자격 　교재1권 P.14
① 특급·1급·2급 또는 3급 소방안전관리대상물의 소방안전관리자 자격이 있
는 사람
② 건축, 기계제작, 기계장비설비 설치, 화공, 위험물, 전기, 전자 및 안전관리에
해당하는 국가기술자격이 있는 사람

③ **공공기관·특급·1급·2급·3급 소방안전관리**에 관한 **강습교육**을 수료한 사람 보기 ③

④ 소방안전관리대상물에서 소방안전관련업무에 **2년** 이상 근무한 경력이 있는 사람

정답 ①

08 실무교육은 언제까지 받아야 하는가?

유사문제 22년 문17 20년 문25

① 2021년 9월 1일
② 2021년 10월 1일
③ 2022년 3월 4일
④ 2023년 3월 4일

교재 1권 PP.46 -47

해설 **소방안전관리자의 실무교육**

실시기관	실무교육주기
한국소방안전원	선임된 날부터 <u>6개월 이내</u>, 그 이후 **2년**마다 **1회**

2021년 3월 5일에 선임되었으므로, 선임한 날(다음 날)로부터 6개월 이내인 2021년 9월 1일이 된다.

● '**선임한 날부터**'라는 말은 '**선임한 날 다음 날**'부터 세는 것을 의미한다.

 실무교육

소방안전 관련업무 종사경력보조자	소방안전관리자 및 소방안전관리보조자
선임된 날로부터 **3개월** 이내, 그 이후 2년마다 1회 실무교육을 받아야 한다.	선임된 날로부터 **6개월** 이내, 그 이후 2년마다 **1회** 실무교육을 받아야 한다.

정답 ①

09 다음 복사에 대한 설명 중 틀린 것은?

유사문제 23년 문08

① 유체의 흐름에 의하여 열이 전달된다.
② 화재시 열의 이동에 가장 크게 작용하는 열이동방식이다.
③ 열에너지를 파장의 형태로 계속적으로 방사한다.
④ 열복사라고 하며 양지바른 곳에서 햇볕을 쬐면 따뜻한 것은 복사열을 받기 때문이다.

교재 1권 P.186

해설

① 대류에 대한 설명

열전달

종 류	설 명
전도(conduction)	● 하나의 물체가 다른 물체와 **직접 접촉**하여 전달되는 것
대류(convection)	● **유체**의 흐름에 의하여 열이 전달되는 것 보기 ①
복사(radiation)	● 화재시 열의 이동에 **가장 크게 작용**하는 열이동방식 보기 ② ● **화염의 접촉 없이** 연소가 확산되는 현상 ● 화재현장에서 **인접건물**을 **연소**시키는 주된 원인 ● **열에너지**를 파장의 형태로 계속 **방사** 보기 ③ ● **열복사**라고 하며 양지바른 곳에서 **햇볕**을 쬐면 따뜻함 보기 ④

 정답 ①

★★★
10 다음 조건을 참조하여 숙박시설이 있는 특정소방대상물의 수용인원 산정수로 옳은 것은?

유사문제
23년 문14

교재 2권
P.17

● 침대가 있는 숙박시설로서 2인용 침대의 수는 9개이다.
● 종업원의 수는 3명이다.
● 바닥면적은 30m²이다.

① 21명   ② 31명
③ 45명   ④ 55명

해설 **수용인원의 산정방법**

특정소방대상물		산정방법
● 강의실 ● 상담실 ● 휴게실	● 교무실 ● 실습실	$\dfrac{\text{바닥면적 합계}}{1.9m^2}$
● 숙박시설	침대가 있는 경우 ──▶	종사자수 + 침대수 보기 ①
	침대가 없는 경우	종사자수 + $\dfrac{\text{바닥면적 합계}}{3m^2}$
● 기타		$\dfrac{\text{바닥면적 합계}}{3m^2}$
● 강당 ● 문화 및 집회시설, 운동시설 ● 종교시설		$\dfrac{\text{바닥면적 합계}}{4.6m^2}$

● **소수점** 이하는 **반올림**한다.

종합성 **기억법** 수반(**수반!** 동반!)

숙박시설(침대가 있는 경우)=종사자수+침대수
                    =3명+(2인용×9개)
                    =21명

● 바닥면적은 문제를 푸는 데 관계없다.

정답 ①

11 전기안전관리상 주요 화재원인이 아닌 것은?

유사문제
21년 윤13

① 전선의 합선(단락)에 의한 발화   ② 누전에 의한 발화
③ 과전류(과부하)에 의한 발화   ④ 전기절연저항에 의한 발화

교재 1권
PP.200
-202

해설

④ 해당 없음

전기화재의 주요 화재원인
(1) 전선의 합선(단락)에 의한 발화 보기 ①
        단선 ×
(2) 누전에 의한 발화 보기 ②
(3) 과전류(과부하)에 의한 발화 보기 ③
(4) 정전기불꽃

정답 ④

12 거실제연설비의 점검방법으로 틀린 것은?

교재 2권
P.170

① 화재경보가 발생하는지 확인한다.
② 제연커튼이 설치된 장소에는 제연커튼이 작동(내려오는지)되는지 확인한다.
③ 배기·급기댐퍼가 작동하여 폐쇄되는지 확인한다.
④ 배풍기(배기팬)·송풍기(급기팬)이 작동하여 송풍 및 배풍이 정상적으로 되는지 확인한다.

해설

③ 폐쇄 → 개방

거실제연설비의 점검방법
(1) 감지기(또는 수동기동장치의 스위치) 작동
(2) 작동상태의 확인할 내용
    ① 화재경보가 발생하는지 확인 보기 ①
    ② 제연커튼이 설치된 장소에는 제연커튼이 작동(내려오는지)되는지 확인 보기 ②
    ③ 배기·급기댐퍼가 작동하여 **개방**되는지 확인 보기 ③
    ④ 배풍기(배기팬)·송풍기(급기팬)이 작동하여 송풍 및 배풍이 정상적으로 되는지 확인 보기 ④

정답 ③

13 장애유형별 피난보조에 대한 내용으로 틀린 것은?

교재 2권
PP.203
-204

① 지체장애인은 2인 이상이 1조가 되어 피난을 보조한다.
② 시각장애인은 표정이나 제스처를 사용하고 조명을 적극 활용한다.
③ 지적장애인은 공황상태에 빠질 수 있으므로 차분하고 느린 어조로 도움을 주러 왔음을 밝히고 피난을 보조한다.
④ 노인은 지병이 있는 경우가 많으므로 구조대가 알기 쉽게 지병을 표시한다.

해설

② 청각장애인에 대한 설명

장애유형별 피난보조 예시

장애유형	피난보조 예시
지체장애인	불가피한 경우를 제외하고는 **2인 이상**이 **1조**가 되어 피난을 보조하고 장애정도에 따라 보조기구를 적극 활용하며 계단 및 경사로에서의 균형에 주의를 요한다. 보기 ①
청각장애인	시각적인 전달을 위해 **표정**이나 **제스처**를 사용하고 **조명**(손전등 및 전등)을 적극 활용하며 메모를 이용한 대화도 효과적이다.
시각장애인	평상시와 같이 **지팡이**를 이용하여 피난하도록 한다. 보기 ②
지적장애인	공황상태에 빠질 수 있으므로 **차분**하고 **느린 어조**로 도움을 주러 왔음을 밝히고 피난을 보조한다. 보기 ③
노약자	① **장애인**에 준하여 피난보조를 실시한다. ② 노인은 지병이 있는 경우가 많으므로 구조대가 알기 쉽게 지병을 표시한다. 보기 ④

정답 ②

14 연료가스의 종류와 특성에 대한 설명으로 틀린 것은?

유사문제
23년 문11
21년 문20

① LPG의 비중은 1.5~2이다.
② 프로판의 폭발범위는 2.1~9.5%이다.
③ 부탄의 폭발범위는 1.8~8.4%이다.
④ LNG의 폭발범위는 6~19%이다.

교재 1권
P.204

해설

④ 6~19% → 5~15%

LPG vs LNG

구 분 \ 종 류	액화석유가스 (LPG)	액화천연가스 (LNG)
주성분	• **프**로판(C_3H_8) • **부**탄(C_4H_{10}) 공하성 기억법 P프부	• **메**탄(CH_4) 공하성 기억법 N메

구 분 \ 종 류	액화석유가스 (LPG)	액화천연가스 (LNG)
비 중	• 1.5~2(누출시 낮은 곳 체류) 보기 ①	• 0.6(누출시 천장 쪽에 체류)
폭발범위 (연소범위)	• 프로판 : 2.1~9.5% 보기 ② • 부탄 : 1.8~8.4% 보기 ③	• 5~15% 보기 ④
용 도	• 가정용 • 공업용 • 자동차연료용	• 도시가스
증기비중	• 1보다 큰 가스	• 1보다 작은 가스
탐지기의 위치	• 탐지기의 **상단**은 바닥면의 **상방** 30cm 이내에 설치 LPG 탐지기 위치	• 탐지기의 **하단**은 천장면의 **하방** 30cm 이내에 설치 LNG 탐지기 위치
가스누설경보기의 위치	• 연소기 또는 관통부로부터 수평거리 **4m** 이내에 설치	• 연소기로부터 수평거리 **8m** 이내에 설치
공기와 무게 비교	• 공기보다 무겁다.	• 공기보다 가볍다.

정답 ④

★★★
15

다음 중 100만원 이하의 벌금에 해당되지 않는 것은?

유사문제
22년 문10
21년 문08
20년 문20

① 피난명령을 위반한 자
② 정당한 사유 없이 물의 사용이나 수도의 개폐장치의 사용 또는 조작을 하지 못하게 방해한 자
③ 정당한 사유 없이 소방대가 현장에 도착할 때까지 사람을 구출하는 조치 또는 불을 끄거나 불이 번지지 않도록 조치를 아니한 소방대상물 관계인
④ 정당한 사유 없이 소방용수시설 또는 비상소화장치를 사용하거나 소방용수시설 또는 비상소화장치의 효용을 해하거나 그 정당한 사용을 방해한 사람

교재 1권
P.32

해설

④ 5년 이하의 징역 또는 5000만원 이하의 벌금

100만원 이하의 벌금
(1) 정당한 사유 없이 소방대가 현장에 도착할 때까지 사람을 **구**출하는 조치 또는 불을 끄거나 불이 번지지 않도록 하는 조치를 하지 아니한 소방대상물 관계인 보기 ③
(2) **피**난명령을 위반한 사람 보기 ①
(3) 정당한 사유 없이 물의 사용이나 **수도**의 개폐장치의 사용 또는 **조**작을 하지 못하게 하거나 방해한 자 보기 ②
(4) 정당한 사유 없이 소방대의 **생활안전활동**을 방해한 자
(5) 긴급조치를 정당한 사유 없이 방해한 자

 기억법 구피조1

정답 ④

★★★
16 다음 중 자동화재탐지설비에 관한 설명 중 옳은 것은?

유사문제
23년 문27
22년 문33
21년 문39
20년 문02

교재 2권
PP.110
-111,
P.118,
P.120,
P.122

① 도통시험순서는 도통시험스위치 누름 → 자동복구스위치 누름 → 회로시험스위치 돌림이다.
② 도통시험은 정상 19~29V, 단선 0V이다.
③ 예비전원시험시 전압계가 있는 경우 정상일 때 19~29V를 가리킨다.
④ 감지기 사이의 회로배선은 교차회로방식이다.

해설

① 도통시험순서 → 동작시험순서, 도통시험스위치 → 동작시험스위치
② 19~29V → 4~8V
④ 교차회로방식 → 송배선식

보기 ① **P형 수신기의 동작시험**   교재 2권 P.118

구 분	순 서
동작시험순서	① 동작시험스위치 누름 ② 자동복구스위치 누름 ③ 회로시험스위치 돌림
동작시험복구순서	① 회로시험스위치 돌림 ② 동작시험스위치 누름 ③ 자동복구스위치 누름
회로도통시험순서	① 도통시험스위치 누름 ② 각 경계구역 동작버튼을 차례로 누름(회로시험스위치를 각 경계구역별로 차례로 회전)
예비전원시험순서	① 예비전원시험스위치 누름 ② 예비전원 결과 확인

보기 ② **회로도통시험 적부 판정**   교재 2권 P.120

구 분	전압계가 있는 경우	도통시험확인등이 있는 경우
정 상	4~8V	정상확인등 점등(녹색)
단 선	0V	단선확인등 점등(적색)

보기 ③ **예비전원시험 적부 판정**   교재 2권 P.122

전압계인 경우 정상	램프방식인 경우 정상
19~29V	녹색

보기 ④ **자동화재탐지설비**   교재 2권 PP.110-111

감지기 사이의 회로배선 : **송배선식**

용어 **송배선식**

도통시험(선로의 정상연결 여부 확인)을 원활히 하기 위한 배선방식

정답 ③

기출문제 2024

17 다음 중 종합방재실의 위치에 대한 설명으로 틀린 것은?

유사문제
24년 문04

교재 1권
P.245

① 1층 또는 피난층
② 초고층 건축물에 특별피난계단이 설치되어 있고, 특별피난계단 출입구로부터 5m 이내에 종합방재실을 설치하려는 경우에는 지하 1층 또는 지하 2층에 설치할 수 있다.
③ 화재 및 침수 등으로 인하여 피해를 입을 우려가 적은 곳
④ 공동주택의 경우에는 관리사무소 내에 설치할 수 있다.

해설

② 지하 1층 또는 지하 2층 → 2층 또는 지하 1층

종합방재실의 위치
(1) **1층** 또는 **피난층** 보기 ①
(2) 초고층 건축물 등에 특별피난계단이 설치되어 있고, 특별피난계단 출입구로부터 **5m** 이내에 종합방재실을 설치하려는 경우에는 **2층** 또는 **지하 1층**에 설치할 수 있다. 보기 ②
(3) 공동주택의 경우에는 **관리사무소 내**에 설치할 수 있다. 보기 ④
(4) **비상용 승강장**, **피난 전용 승강장** 및 **특별피난계단**으로 이동하기 쉬운 곳
(5) 재난정보 수집 및 제공, 방재활동의 거점 역할을 할 수 있는 곳
(6) **소방대**가 쉽게 도달할 수 있는 곳
(7) **화재** 및 **침수** 등으로 인하여 피해를 입을 우려가 적은 곳 보기 ③

정답 ②

18 4층 이상 노유자시설의 피난기구 중 적응성이 있는 것은?

유사문제
24년 문21
20년 문05

① 피난용 트랩
② 피난교
③ 피난사다리
④ 완강기

교재 2권
P.140

해설 **피난기구의 적응성**

설치 장소별 구분 \ 층별	1층	2층	3층	4층 이상 10층 이하
노유자시설	• 미끄럼대 문제 21 • 구조대 문제 21 • 피난교 • 다수인 피난장비 문제 21 • 승강식 피난기	• 미끄럼대 • 구조대 • 피난교 • 다수인 피난장비 • 승강식 피난기	• 미끄럼대 • 구조대 • 피난교 • 다수인 피난장비 • 승강식 피난기	• 구조대[1] → • 피난교 보기 ② • 다수인 피난장비 • 승강식 피난기

설치 장소별 구분 \ 층별	1층	2층	3층	4층 이상 10층 이하
의료시설 · 입원실이 있는 의원 · 접골원 · 조산원	–	–	• 미끄럼대 • 구조대 • 피난교 • 피난용 트랩 • 다수인 피난장비 • 승강식 피난기	• 구조대 • 피난교 • 피난용 트랩 • 다수인 피난장비 • 승강식 피난기
영업장의 위치가 4층 이하인 다중이용업소	–	• 미끄럼대 • 피난사다리 • 구조대 • 완강기 • 다수인 피난장비 • 승강식 피난기	• 미끄럼대 • 피난사다리 • 구조대 • 완강기 • 다수인 피난장비 • 승강식 피난기	• 미끄럼대 • 피난사다리 • 구조대 • 완강기 • 다수인 피난장비 • 승강식 피난기
그 밖의 것	–	–	• 미끄럼대 • 피난사다리 • 구조대 • 완강기 • 피난교 • 피난용 트랩 • 간이완강기[2)] • 공기안전매트[2)] • 다수인 피난장비 • 승강식 피난기	• 피난사다리 • 구조대 • 완강기 • 피난교 • 간이완강기[2)] • 공기안전매트[2)] • 다수인 피난장비 • 승강식 피난기

1) **구조대**의 적응성은 장애인관련시설로서 주된 사용자 중 스스로 피난이 불가한 자가 있는 경우 추가로 설치하는 경우에 한한다.
2) 간이완강기의 적응성은 **숙박시설**의 **3층 이상**에 있는 객실에, **공기안전매트**의 적응성은 **공동주택**에 추가로 설치하는 경우에 한한다.

 정답 ②

 19 다음 보기에서 설명하는 소방교육 및 훈련의 실시원칙으로 옳은 것은?

유사문제
21년 문38

교재 2권
PP.292
-293

• 어떠한 기술을 어느 정도까지 익혀야 하는가를 명확하게 제시한다.
• 습득하여야 할 기술이 활동 전체에서 어느 위치에 있는가를 인식하도록 한다.

① 학습자 중심의 원칙　　　② 동기부여의 원칙
③ 목적의 원칙　　　　　　④ 경험의 원칙

해설 **소방교육 및 훈련의 원칙**

원 칙	설 명
현실성의 원칙	• 학습자의 능력을 고려하지 않은 훈련은 비현실적이고 불완전하다.
학습자 중심의 원칙	• **한** 번에 **한 가지씩** 습득 가능한 분량을 교육 및 훈련시킨다. • **쉬운 것**에서 **어려운 것**으로 교육을 실시하되 기능적 이해에 비중을 둔다. • 학습자에게 감동이 있는 교육이 되어야 한다. 공하성 **기억법**　학한
동기부여의 원칙	• **교육**의 **중요성**을 **전달**해야 한다. • 학습을 위해 적절한 스케줄을 적절히 배정해야 한다. • 교육은 시기적절하게 이루어져야 한다. • 핵심사항에 교육의 포커스를 맞추어야 한다. • 학습에 대한 보상을 제공해야 한다. • 교육에 재미를 부여해야 한다. • 교육에 있어 다양성을 활용해야 한다. • 사회적 상호작용을 제공해야 한다. • 전문성을 공유해야 한다. • 초기성공에 대해 격려해야 한다.
목적의 원칙 보기 ③	• 어떠한 기술을 어느 정도까지 익혀야 하는가를 명확하게 제시한다. • 습득하여야 할 기술이 활동 전체에서 어느 위치에 있는가를 인식하도록 한다.
실습의 원칙	• **실습**을 통해 지식을 습득한다. • 목적을 생각하고, 적절한 방법으로 정확하게 하도록 한다.
경험의 원칙	• 경험했던 사례를 들어 현실감 있게 하도록 한다.
관련성의 원칙	• 모든 교육 및 훈련 내용은 **실무적**인 **접목**과 **현장성**이 있어야 한다.

공하성 **기억법**　현학동 목실경관교

정답 ③

★★
20　다음 스프링클러설비의 내용 중 옳은 것은?

유사문제
24년 문45

교재 2권
PP.77
-78

① 습식 스프링클러설비는 소화가 신속하다.
② 건식 스프링클러설비는 동결 우려 장소에 사용이 불가능하다.
③ 준비작동식 스프링클러설비는 수손피해가 크다.
④ 일제살수식 스프링클러설비는 대량살수에 의한 수손피해가 없다.

해설 **스프링클러설비의 종류**

구 분		장 점	단 점
폐쇄형 헤드 사용	습식	① 구조가 간단하고 공사비 저렴 ② **소화**가 **신속**하다. 보기 ① ③ 타방식에 비해 유지·관리 용이	① 동결 우려 장소 사용제한 ② 헤드 오동작시 수손피해 및 배관부식 촉진

구 분		장 점	단 점
폐쇄형 헤드 사용	건식	**동결 우려 장소** 및 옥외사용 **가능** 보기 ②	① 살수 개시 시간지연 및 복잡한 구조 ② 화재 초기 압축공기에 의한 화재 촉진 우려 ③ 일반헤드인 경우 상방향으로 시공하여야 함
	준비 작동식	① **동결 우려 장소** 사용 가능 ② 헤드 오동작(개방)시 **수손피해** 우려 **없다.** 보기 ③ ③ 헤드 개방 전 경보로 조기 대처 용이	① 감지장치로 감지기 별도 시공 필요 ② 구조 복잡, 시공비 고가 ③ 2차측 배관 부실시공 우려
	부압식	배관파손 또는 오동작시 수손피해 방지	① 동결 우려 장소 사용제한 ② 구조가 다소 복잡
개방형 헤드 사용	일제 살수식	① 초기화재에 신속 대처 용이 ② 층고가 높은 장소에서도 소화 가능	① 대량살수로 **수손피해 우려** 보기 ④ ② 화재감지장치 별도 필요

정답 ①

21 노유자시설의 피난기구 중 적응성이 없는 것은?

① 완강기
② 다수인 피난장비
③ 미끄럼대
④ 구조대

해설 **문제 18번 참조**

정답 ①

22 경계구역 설정방법으로 틀린 것은?

① 하나의 경계구역이 2개 이상의 건축물에 미치지 아니하도록 하여야 한다.
② 500m² 이하의 범위 안에서는 2개의 층을 하나의 경계구역으로 할 수 있다.
③ 하나의 경계구역의 면적은 600m², 한 변의 길이는 50m 이하로 한다.
④ 내부 전체가 보이는 것에 있어서는 한 변의 길이가 70m의 범위 내에서 1000m² 이하로 할 수 있다.

해설
④ 70m → 50m

경계구역의 설정기준

(1) 1경계구역이 2개 이상의 **건축물**에 미치지 않을 것 보기 ①

┃하나의 경계구역으로 설정불가 ┃

(2) 1경계구역이 2개 이상의 **층**에 미치지 않을 것(단, **500m²** 이하는 2개층을 1경계구역으로 할 것) 보기 ②

(3) 1경계구역의 면적은 **600m²** 이하로 하고, 1변의 길이는 **50m** 이하로 할 것(단, 내부 전체가 보이면 **1000m²** 이하로 할 것) 보기 ③④

┃내부 전체가 보이면 1경계구역 면적 1000m² 이하, 1변의 길이 50m 이하 ┃

용어 **경계구역**

> 자동화재탐지설비의 1회선(회로)이 화재의 발생을 유효하고 효율적으로 감지할 수 있도록 적당한 범위를 정한 구역

정답 ④

23 다음 사진은 유도등의 점검내용 중 어떤 점검에 해당되는가?

교재 2권
PP.156
-157

① 예비전원(배터리)점검 ② 3선식 유도등점검
③ 2선식 유도등점검 ④ 상용전원점검

① 예비전원(배터리)점검 : 점검스위치 또는 점검버튼을 눌러서 점등상태 확인
④ 상용전원점검 : 교류전원(전원등)램프의 점등 여부로 확인

(1) **예비전원**(배터리)**점검** : 외부에 있는 **점검스위치**(배터리상태 점검스위치)를 **당겨 보는 방법** 또는 **점검버튼**을 눌러서 점등상태 확인 보기① 교재 2권 P.157

∥ 예비전원 점검스위치 ∥

∥ 예비전원 점검버튼 ∥

(2) **2선식** 유도등점검 : 유도등이 **평상시 점등**되어 있는지 확인 교재 2권 P.156

∥ 평상시 점등이면 정상 ∥

∥ 평상시 소등이면 비정상 ∥

(3) **3선식** 유도등점검 교재 2권 P.156

① 수동전환 : 수신기에서 수동으로 점등스위치를 ON하고 건물 내의 점등이 안
되는 유도등을 확인

∥ 유도등 절환스위치
수동전환 ∥

∥ 유도등 점등 확인 ∥

② 연동(자동)전환 : 감지기·발신기·중계기·스프링클러설비 등을 현장에서 작동
(동작)과 동시에 유도등이 점등되는지를 확인

∥ 유도등 절환스위치
연동(자동)전환 ∥

∥ 감지기, 발신기 동작 ∥

∥ 유도등 점등 확인 ∥

정답 ①

24 다음 건축법 관련 용어 중 재축의 정의 및 재축이 갖추어야 할 요건으로 옳지 않은 것은?

유사문제 22년 문18

교재 1권 PP.129 -131

① 연면적 합계는 종전 규모 이하로 할 것
② 동수, 층수 및 높이가 모두 종전 규모 이하일 것
③ 동수, 층수 또는 높이의 어느 하나가 종전 규모를 초과하는 경우에는 해당 동수, 층수 및 높이가 건축법령에 모두 적합할 것
④ 재축이란 기존 건축물의 전부 또는 일부를 철거하고 그 대지 안에 종전과 동일한 규모의 범위 안에서 건축물을 다시 축조하는 것을 말한다.

 해설

④ 개축의 정의

재축
건축물이 **천재지변**이나 기타 재해에 의하여 멸실된 경우에 그 대지 안에 다음의 요건을 갖추어 **다시 축조**하는 것
(1) **연면적** 합계는 종전 **규모 이하**로 할 것 보기 ①
(2) 동수, 층수 및 높이는 다음 어느 하나에 해당할 것
　　① 동수, 층수 및 높이가 모두 종전 **규모 이하**일 것 보기 ②
　　② 동수, 층수 또는 높이의 어느 하나가 종전 규모를 초과하는 경우에는 해당 동수, 층수 및 높이가 **건축법령**에 모두 적합할 것 보기 ③

비교 **개축** 보기 ④
기존 건축물의 **전부** 또는 **일부**(내력벽·기둥·보·지붕틀 중 **3개** 이상이 포함되는 경우)를 철거하고 그 대지 안에 종전과 동일한 규모의 범위 안에서 건축물을 **다시 축조**하는 것

정답 ④

25 제연설비에서 방연풍속이 다른 하나는?

유사문제 20년 문08

교재 2권 P.167

① 계단실 및 그 부속실을 동시 제연하는 것
② 부속실 또는 승강장이 면하는 옥내가 거실인 경우
③ 부속실 또는 승강장이 면하는 옥내가 복도로서 그 구조가 방화구조인 것
④ 계단실만 단독으로 제연하는 것

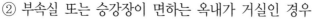

해설

① · ③ · ④ 0.5m/s 이상
② 0.7m/s 이상

방연풍속

제연구역		방연풍속
계단실 및 그 부속실을 동시에 제연하는 것 또는 계단실만 단독으로 제연하는 것 보기 ①④		0.5m/s 이상
부속실만 단독으로 제연하는 것 또는 비상용 승강기의 승강장만 단독으로 제연하는 것	부속실 또는 승강장이 면하는 옥내가 거실인 경우 보기 ②	0.7m/s 이상
	부속실 또는 승강장이 면하는 옥내가 복도로서 그 구조가 방화구조(내화시간이 **30분** 이상인 구조 포함)인 것 보기 ③	0.5m/s 이상

정답 ②

제 ② 과목

★★
26

유사문제
24년 문42
23년 문35
22년 문43
20년 문42

교재 2권
P.79

습식 스프링클러설비 점검 그림이다. 점검시 스프링클러설비의 상태로 옳지 않은 것은? (단, 설비는 정상상태이며, 제시된 조건을 제외하고 나머지 조건은 무시한다.)

┃ 3층 말단시험밸브 모습 ┃

① 감지기 동작　　　　　　② 알람밸브 동작
③ 주, 충압펌프 동작　　　　④ 사이렌 동작

해설

① **습식** 스프링클러설비는 **감지기를 사용**하지 **않음**으로 감지기 동작과는 무관

감지기 사용유무

습식 · 건식 스프링클러설비	준비작동식 · 일제살수식 스프링클러설비
감지기 ×	감지기 ○

시험밸브 개방시 작동 또는 점등되어야 할 것
(1) 펌프작동
(2) 감시제어반 밸브개방표시등(습식 : 알람밸브표시등) 점등
(3) 음향장치(사이렌)작동
(4) 화재표시등 점등

정답 ①

27

유사문제
24년 문41
23년 문30
23년 문48
21년 문26
21년 문42
20년 문27

실무교재
PP.96
-98

제연설비 점검시 감지기를 작동시켜 정상동작을 위한 각 제어반의 스위치 위치로 옳은 것은? (단, 제시된 조건을 제외하고 나머지 조건은 무시한다.)

┃ 감시제어반 ┃

┃ 동력제어반 ┃

	감시제어반				동력제어반	
	스위치	상 태	스위치	상 태	스위치	상 태
①	급기송풍기	수동	급기댐퍼	수동	동력제어반 수동/자동	자동
②	급기송풍기	자동	급기댐퍼	자동	동력제어반 수동/자동	자동
③	급기송풍기	자동	급기댐퍼	자동	동력제어반 수동/자동	수동
④	급기송풍기	수동	급기댐퍼	수동	동력제어반 수동/자동	수동

 해설

② 감지기 작동은 자동으로 작동시키는 경우이므로 모든 스위치를 **자동**으로 놓으면 된다.

┃ 수동조작시 상태 ┃

조 작	상 태
급기송풍기 : **수동** ➡	급기송풍기 **작동**
급기댐퍼 : **수동** ➡	급기댐퍼 **개방**

정답 ②

★★★

28 계단감지기 점검시 수신기에 나타나는 모습으로 옳은 것은?

유사문제
23년 문38
23년 문44
22년 문28
22년 문39
21년 문45

교재 2권
p.119

①

②

③

④

해설

> ② **계단감지기** 점검시에는 **계단램프**가 점등되어야 하므로 ②번 정답

① 아무것도 점등되지 않음

② 계단램프 점등
(계단감지기 점검시 점등)

③ E/V(엘리베이터) 램프, 계단램프 2개 점등
(E/V 및 계단감지기 점검시 점등)

④ E/V(엘리베이터) 램프 점등
(E/V 점검시 점등)

정답 ②

29

유사문제
23년 문38
22년 문46
21년 문33
20년 문26
20년 문33

교재 2권
P.119

건물 내 2F에서 발신기 오작동이 발생하였다. 수신기의 상태로 볼 수 있는 것으로 옳은 것은? (단, 건물은 직상 4개층 경보방식이다.)

①

②

③

④

해설

2F(2층)에서 발신기 오작동이 발생하였으므로 2층이 발화층이 되어 **지구표시등**은 **2층**에만 점등된다. 경보층은 발화층 (2층), 직상 4개층(3~6층)이므로 경종은 2~6층이 울린다.

자동화재탐지설비의 직상 4개층 우선경보방식 적용대상물
11층(공동주택 16층) 이상의 특정소방대상물의 경보

‖ 자동화재탐지설비 직상 4개층 우선경보방식 ‖

발화층	경보층	
	11층(공동주택 16층) 미만	11층(공동주택 16층) 이상
2층 이상 발화		• 발화층 • 직상 4개층
1층 발화	전층 일제경보	• 발화층 • 직상 4개층 • 지하층
지하층 발화		• 발화층 • 직상층 • 기타의 지하층

정답 ①

★★★

30 다음 자동화재탐지설비 점검시 5층의 선로 단선을 확인하는 순서로 옳은 것은?

유사문제
23년 문38
22년 문46
21년 문33
20년 문26
20년 문33

교재 2권
P.119

① 주경종 버튼 누름 → 5층 회로시험 누름
② 화재시험 버튼 누름 → 5층 회로시험 누름
③ 축적 버튼 누름 → 5층 회로시험 누름
④ 도통시험 버튼 누름 → 5층 회로시험 버튼 누름

해설 **5층 선로 단선 확인순서**

(1) 도통시험스위치 버튼 누름

(2) 5층 회로시험 버튼 누름

용어 **회로도통시험**

수신기에서 감지기 사이 회로의 단선 유무와 기기 등의 접속 상황을 확인하기 위한 시험

> **중요** P형 수신기의 동작시험

구 분	순 서
동작시험순서	① 동작시험스위치 누름 ② 자동복구스위치 누름 ③ 회로시험스위치 돌림
동작시험복구순서	① 회로시험스위치 돌림 ② 동작시험스위치 누름 ③ 자동복구스위치 누름
회로도통시험순서	① 도통시험스위치 누름 ② 각 경계구역 동작버튼을 차례로 누름(회로시험스위치를 각 경계구역별로 차례로 회전)
예비전원시험순서	① 예비전원시험스위치 누름 ② 예비전원 결과 확인

정답 ④

★★
31 다음 옥내소화전(감시 또는 동력)제어반에서 주펌프를 수동으로 기동시키기 위하여 보기에서 조작해야 할 스위치로 옳은 것은? (단, 설비는 정상상태이며 제시된 조건을 제외한 나머지 조건은 무시한다.)

유사문제
24년 문40
23년 문46
23년 문49
22년 문30
22년 문36
21년 문28
21년 문35
21년 문41
20년 문28
20년 문35
20년 문41

교재 2권
PP.50
-51

‖ 감시제어반 ‖

‖ 동력제어반 ‖

① ㉠만 수동으로 조작

② ㉠은 연동에 두고 ㉡을 기동으로 조작

③ ㉢을 수동으로 두고 기동버튼 누름

④ ㉣을 수동으로 두고 기동버튼 누름

해설

▌주펌프 수동기동방법 ▌

감시제어반	동력제어반
① 선택스위치 : **수동** 보기 ㉠	① 주펌프 선택스위치 : **수동** 보기 ㉢
② 주펌프 : **기동** 보기 ㉡	② 주펌프기동버튼(기동스위치) : **누름** 보기 ㉢

▌충압펌프 수동기동방법 ▌

감시제어반	동력제어반
① 선택스위치 : **수동**	① 충압펌프 선택스위치 : **수동** 보기 ㉣
② 충압펌프 : **기동**	② 충압펌프기동버튼(기동스위치) : **누름** 보기 ㉣

정답 ③

★★★
32 다음 중 옥내소화전설비의 방수압력 측정조건 및 방법으로 옳은 것은?

유사문제
24년 문39
23년 문34
22년 문47
21년 문47
20년 문29
20년 문46

교재 2권
P.37,
P.49

① 반드시 방사형 관창을 이용하여 측정해야 한다.

② 방수압력측정계는 노즐의 선단에서 근접$\left(노즐구경의 \ \frac{1}{2}\right)$하여 측정한다.

③ 방수압력 측정시 정상압력은 0.15MPa 이하로 측정되어야 한다.

④ 방수압력측정계로 측정할 경우 물이 나가는 방향과 방수압력측정계의 각도는 상관없다.

 해설

① 방사형 → 직사형
② 0.15MPa 이하 → 0.17~0.7MPa 이하
④ 상관없다. → 직각으로 해야 한다.

옥내소화전 방수압력 측정
(1) 측정장치 : 방수압력측정계(피토게이지)

(2) 방수량	방수압력
130L/min	0.17~0.7MPa 이하 보기 ③

(3) 방수압력 측정방법 : 방수구에 호스를 결속한 상태로 노즐의 선단에 방수압력측정계(피토게이지)를 근접$\left(\dfrac{D}{2}\right)$시켜서 측정하고 방수압력측정계의 압력계상의 눈금을 확인한다. 보기 ②

| 방수압력 측정 |

정답 ②

★★ 33 다음 그림의 밸브가 개방(작동)되는 조건으로 옳지 않은 것은?

교재 2권 P.82

| 프리액션밸브 |

① 방화문 감지기 동작
② SVP(수동조작함) 수동조작 버튼 기동
③ 감시제어반에서 동작시험
④ 감시제어반에서 수동조작

해설

① 프리액션밸브는 방화문 감지기와는 무관함

프리액션밸브 개방조건
(1) SVP(수동조작함) 수동조작 버튼 기동 보기 ②

(2) 감시제어반에서 동작시험 보기 ③
(3) 감시제어반에서 수동조작 보기 ④
(4) 해당 방호구역의 감지기 **2개 회로** 작동
(5) 밸브자체에 부착된 **수동기동밸브** 개방

정답 ①

34 다음 옥내소화전 감시제어반 스위치 상태를 보고 옳은 것을 고르시오.

유사문제
23년 문40
22년 문36

교재 2권
PP.50
-51

① 충압펌프를 수동으로 기동 중이다.
② 주펌프를 수동으로 기동 중이다.
③ 충압펌프를 자동으로 기동 중이다.
④ 주펌프는 자동으로 기동 중이다.

해설

② 선택스위치 : **수동**, 주펌프 : **기동**이므로 주펌프를 **수동**으로 기동 중임

감시제어반

평상시 상태	수동기동 상태	점검시 상태
① 선택스위치 : **연동**	① 선택스위치 : **수동**	① 선택스위치 : **정지**
② 주펌프 : **정지**	② 주펌프 : **기동**	② 주펌프 : **정지**
③ 충압펌프 : **정지**	③ 충압펌프 : **기동**	③ 충압펌프 : **정지**

정답 ②

★★
35 다음 그림 중 심폐소생술(CPR)과 자동심장충격기(AED) 사용 순서로 옳은 것은?

유사문제
23년 문37
23년 문43
23년 문50
22년 문45
22년 문49
21년 문31
21년 문37
21년 문43
21년 문49
20년 문32
20년 문38
20년 문43
20년 문48

교재 1권
PP.262
-266

①

반응 확인　　　119 신고　　　심장리듬 분석　　　인공호흡

②

119 신고　　　인공호흡　　　심장리듬 분석　　　가슴압박

③

119 신고　　　가슴압박　　　반응 확인　　　심장리듬 분석

④

반응 확인　　　119 신고　　　가슴압박　　　심장리듬 분석

해설

④ 보기를 볼 때 심폐소생술(CPR) 실시 후 자동심장충격기(AED)를 사용하는 경우이므로 보기 ④ 정답

심폐소생술(CPR) 순서	자동심장충격기(AED) 사용 순서
① 반응 확인 [순서 ①] ② 119 신고 [순서 ②] ③ 호흡 확인 ④ 가슴압박 30회 시행 [순서 ③] ⑤ 인공호흡 2회 시행 ⑥ 가슴압박과 인공호흡의 반복 ⑦ 회복 자세	① 전원 켜기 ② 두 개의 패드 부착 ③ 심장리듬 분석 [순서 ④] ④ 심장충격 실시 ⑤ 심폐소생술 실시

정답 ④

★★
36

유사문제
23년 문46
23년 문49
22년 문30
21년 문41
20년 문28

교재 2권
PP.50
-51

아래와 같이 옥내소화전설비의 감시제어반이 유지되고 있다. 다음 중 주펌프를 수동기동하는 방법(㉠, ㉡, ㉢)과 이때 감시제어반에서 작동되는 음향장치(㉣)를 올바르게 나열한 것은? (단, 설비는 정상상태이며 제시된 조건을 제외한 나머지 조건은 무시한다.)

① ㉠ 연동, ㉡ 기동, ㉢ 정지, ㉣ 사이렌 ② ㉠ 연동, ㉡ 정지, ㉢ 정지, ㉣ 부저
③ ㉠ 수동, ㉡ 기동, ㉢ 정지, ㉣ 부저 ④ ㉠ 수동, ㉡ 기동, ㉢ 정지, ㉣ 사이렌

해설

주펌프 수동기동방법 보기 ③	충압펌프 수동기동방법
① 선택스위치 : **수동**	① 선택스위치 : **수동**
② 주펌프 : **기동**	② 주펌프 : **정지**
③ 충압펌프 : **정지**	③ 충압펌프 : **기동**
④ 음향장치 : **부저**	④ 음향장치 : **부저**

정답 ③

★★★
37

유사문제
23년 문38
22년 문46
21년 문33
20년 문26
20년 문33

교재 2권
PP.122
-123

수신기의 예비전원시험을 진행한 결과 다음과 같이 수신기의 표시등이 점등되었을 때, 조치사항으로 옳은 것은?

① 축적스위치를 누름 ② 복구스위치를 누름
③ 예비전원 시험스위치 불량 여부 확인 ④ 예비전원 불량 여부 확인

기출문제 2024

기출문제
2024

해설

④ 예비전원감시램프가 점등되어 있으므로 예비전원 불량 여부를 확인해야 한다.

예비전원감시

정답 ④

★★★
38 다음 중 그림 A~C에 대한 설명으로 옳지 않은 것은?

유사문제
23년 문38
22년 문46
21년 문33
20년 문26
20년 문33

교재 2권
PP.120
-121

┃그림 A┃

┃그림 B┃

┃그림 C┃

① 그림 A를 봤을 때 2층의 도통시험 결과가 정상임을 알 수 있다.
② 그림 A를 봤을 때 스위치주의표시등이 점등된 것은 정상이다.
③ 그림 B를 봤을 때 3층의 도통시험 결과 단선임을 알 수 있다.
④ 그림 C를 봤을 때 모든 경계구역은 단선이다.

① 그림 A : 2층 지구표시등이 점등되어 있고, 도통시험 정상램프가 점등되어 있으므로 옳다. (O)

② 그림 A : 도통시험스위치가 눌러져 있으므로 스위치주의표시등이 점등되는 것은 정상이므로 옳다. (O)

③ 그림 B : 3층 회로시험버튼이 눌러져 있고, 도통시험 단선램프가 점등되어 있으므로 옳다. (O)

④ 그림 C : 2~5층 회로시험버튼이 눌러져 있고, 도통시험 단선램프가 점등되어 있으므로 1층은 단서유무를 알 수 없고, 2~5층은 도통시험결과 단선이다. 그러므로 틀린 답 (×)

정답 ④

★★★
39 옥내소화전 방수압력시험에 필요한 장비로 옳은 것은?

유사문제
24년 문32
23년 문34
22년 문47
21년 문47
20년 문29
20년 문46

교재 2권
PP.48
-49

①

②

③

④

해설 옥내소화전 방수압력 측정

(1) 측정장치 : 방수압력측정계(피토게이지)

(2)

방수량	방수압력
130L/min	0.17~0.7MPa 이하

(3) 방수압력 측정방법 : 방수구에 호스를 결속한 상태로 노즐의 선단에 방수압력측정계(피토게이지)를 근접$\left(\dfrac{D}{2}\right)$시켜서 측정하고 방수압력측정계의 압력계상의 눈금을 확인한다.

$\dfrac{D}{2}$ (D=노즐구경)

D

방수량 Q

손잡이

직사형 관창 보기 ②

직각(수직)

방수압력측정계
(피토게이지) 보기 ②

▮방수압력 측정▮

정답 ②

★★★
40

동력제어반 상태를 확인하여 감시제어반의 예상되는 모습으로 옳은 것은? (단, 현재 감시제어반에서 펌프를 수동 조작하고 있다.)

①
선택스위치	주펌프 충압펌프
수동 ●	기동
정지	
연동	● 정지 ○

②
선택스위치	주펌프 충압펌프
수동 ●	기동
정지	
연동	● 정지 ○

③
선택스위치	주펌프 충압펌프
수동 ○	기동
정지	
연동	○ 정지 ○

④
선택스위치	주펌프 충압펌프
수동 ○	기동
정지	
연동	○ 정지 ○

해설

동력제어반에 주펌프의 **기동표시등**과 **펌프기동표시등**이 **점등**되어 있으므로 **감시제어반**에서 펌프를 **수동**조작하고 있는 것으로 판단된다. 그러므로 **선택스위치 : 수동**, **주펌프 : 기동**, **충압펌프 : 정지**

감시제어반	동력제어반
① 선택스위치 : **수동**	① POWER 램프 : **점등**
② 주펌프 : **기동**	② 주펌프 선택스위치 : 어느 위치든 관계 없음
③ 충압펌프 : **정지**	③ 주펌프 기동램프 : **점등**
	④ 주펌프 정지램프 : **소등**
	⑤ 주펌프 펌프기동램프 : **점등**

😊정답 ①

★★
41 급기댐퍼 수동기동장치를 작동시켰을 때 감시제어반에서 확인되는 사항으로 옳지

유사문제
24년 문27
23년 문48
20년 문27

실무교재
P.96

않은 것만 〈보기〉에서 있는 대로 고른 것은? (단, 모든 설비는 정상상태이다.)

수동기동스위치 작동

급기댐퍼

〈보기〉

구 분	감시제어반 표시등	작동상태
㉠	감지기	점등
㉡	댐퍼 확인	소등
㉢	댐퍼수동기동	점등
㉣	송풍기 확인	소등

① ㉠, ㉡   ② ㉡, ㉢

③ ㉠, ㉡, ㉣   ④ ㉢, ㉣

해설 수동기동장치 작동시

구 분	감시제어반 표시등	작동상태
㉠	감지기	소등
㉡	댐퍼 확인	점등
㉢	댐퍼수동기동	점등
㉣	송풍기 확인	점등

감지기 작동시 점등되는 것	급기댐퍼 수동기동장치 작동시 점등하는 것
① 감지기램프	① 댐퍼수동기동램프
② 댐퍼확인램프	② 댐퍼확인램프
③ 송풍기확인램프	③ 송풍기확인램프

😊정답 ③

★★★
42

유사문제
24년 문26
23년 문35
22년 문43
20년 문42

교재 2권
PP.79
-80

그림 A의 밸브를 화살표 방향으로 내렸을 때 그림 B와 같이 감시제어반에 표시되었다. 감시제어반 상태에 대한 설명으로 옳은 것은? (단, 설비는 정상상태이며 제시된 조건을 제외한 나머지 조건은 무시한다.)

| 그림 A | | 그림 B |

① 주펌프 및 충압펌프는 정상적으로 동작하고 있다.
② 화재표시등이 꺼져있다.
③ 알람밸브는 개방되어 있지 않다.
④ 자동/수동 선택스위치는 현재 수동에 위치하고 있다.

 해설

시험밸브 개방시 작동 또는 점등되어야 할 것
(1) 펌프작동
(2) 감시제어반 밸브개방표시등(습식 : 알람밸브 표시등)
(3) 음향장치(사이렌) 작동
(4) 화재표시등 점등

정답 ③

43 펌프성능시험을 위해 그림과 같이 펌프를 작동하였다. 다음 그림에 대한 설명으로 옳지 않은 것은? (단, 설비는 정상상태이며 제시된 조건을 제외한 나머지 조건은 무시한다.)

유사문제
23년 문46
23년 문49
22년 문30
22년 문36
21년 문28

교재 2권
PP.50
-51

① 기동용 수압개폐장치(압력챔버) 주펌프 압력스위치는 미작동 상태이다.
② 감시제어반의 주펌프 스위치를 정지위치로 내리면 주펌프는 정지한다.
③ 현재 주펌프는 자동으로, 충압펌프는 수동으로 작동하고 있다.
④ 감시제어반 충압펌프 기동확인등이 소등되어 있으므로 불량이다.

해설
① **주펌프 기동확인램프**가 **점등**되어 있지만, **주펌프 P/S**(압력스위치)는 **소등**되어 있으므로 주펌프 압력스위치는 미작동 상태이다. 그러므로 옳다.

② 감시제어반 선택스위치 : **수동**, 주펌프 : **기동**으로 되어 있으므로 주펌프는 기동하고 있다. 이 상태에서 주펌프 : **정지**로 내리면 주펌프는 정지하므로 옳다.
③ 자동으로 → 수동으로
감시제어반 선택스위치 : **수동**, 주펌프 : **기동**, 충압펌프 : **기동**으로 되어 있으므로 현재 주펌프, 충압펌프 모두 **수동**으로 작동하고 있다.

④ 기동확인등은 펌프가 기동될 때 점등되므로 감시제어반 선택스위치 : **수동**, 충압펌프 : **기동**으로 되어 있으므로 충압펌프 기동확인램프가 점등되어야 한다. 소등되어 있다면 불량이 맞다.

정답 ③

★★★
44 그림의 수신기에 대하여 올바르게 이해하고 있는 사람은?

유사문제
23년 문38
22년 문46
21년 문33
20년 문26
20년 문33

교재 2권
PP.122
-123

① 김씨 : 현재 전력은 안정적으로 공급되고 있네요.
② 이씨 : 전력공급이 불안정할 때는 예비전원스위치를 눌러서 전원을 공급해야 해.
③ 박씨 : 예비전원 배터리에 문제가 있을 것으로 예상되므로 예비전원을 교체해야 해.
④ 최씨 : 정전, 화재 등 비상시 소방설비가 정상적으로 작동될거야.

해설
① 안정 → 불안정
전압지시가 **낮음**으로 표시되어 있으므로 전력이 **불안정**

② 예비전원스위치는 예비전원 이상 유무를 확인하는 버튼으로 전원을 공급하지는 않는다.

③ 예비전원감시램프가 점등되어 있으므로 예비전원배터리가 문제있다는 뜻임

예비전원감시

④ 예비전원감시 : **점등**되어 있으므로 예비전원이 불량이자 소방설비가 작동되지 않을 가능성이 높다.

😊정답 ③

45 추운 곳에 설치하기 곤란한 스프링클러설비는?

유사문제
24년 문20

① 습식
② 건식
③ 준비작동식
④ 일제살수식

교재 2권
PP.77
-78

해설

① 습식 스프링클러설비 : 동결 우려 장소(추운 곳) 사용제한

스프링클러설비의 종류

구 분		장 점	단 점
폐쇄형 헤드 사용	습 식	•**구조**가 **간단**하고 **공사비 저렴** •소화가 신속 •타방식에 비해 유지·관리 용이	•**동결** 우려 장소 사용**제한** 보기 ① •헤드 오동작시 수손피해 및 배관 부식 촉진
	건 식	•동결 우려 장소 및 옥외 사용 가능	•살수개시시간 지연 및 복잡한 구조 •화재 초기 **압축공기**에 의한 화재 촉진 우려 •일반헤드인 경우 **상향형**으로 시공하여야 함
	준비 작동식	•동결 우려 장소 사용 가능 •헤드 오동작(개방)시 수손피해 우려 없음 •헤드개방 전 경보로 조기 대처 용이	•감지장치로 감지기 별도 시공 필요 •구조 복잡, 시공비 고가 •2차측 배관 부실시공 우려
	부압식	•배관파손 또는 오동작시 **수손피해 방지**	•동결 우려 장소 사용제한 •구조가 다소 복잡
개방형 헤드 사용	일제 살수식	•**초기화재**에 신속 대처 용이 •층고가 높은 장소에서도 소화 가능	•대량살수로 수손피해 우려 •화재감지장치 별도 필요

😊정답 ①

★★
46 다음 중 수신기 그림의 설명으로 옳은 것은?

유사문제
23년 문38
22년 문46
21년 문33
20년 문26
20년 문33

교재 2권
p.118

① 스위치 주의표시등이 점등되어 있으므로 119에 신속히 신고한다.
② 스위치 주의표시등이 점등되어 있으므로 화재 위치를 확인하여 조치한다.
③ 스위치 주의표시등이 점등되어 있으므로 스위치상태를 확인하여 정상위치에 놓는다.
④ 스위치 주의표시등이 점등되어 있으므로 예비전원 상태를 확인한다.

해설

① 스위치 주의표시등이 점등되어 있으므로 눌러져 있는 주경종, 지구경종 정지스위치 등을 **정상위치로 복구**시켜야 한다. 119에 신고할 필요는 없으므로 틀린 답 (×)
② 스위치 주의표시등이 점등되어 있으므로 눌러져 있는 주경종, 지구경종 정지스위치등을 정상위치로 복구시켜야 한다. 화재가 발생한 경우는 아니므로 화재위치를 확인할 필요는 없다. 그러므로 틀린 답 (×)
④ 스위치 주의표시등은 주경종, 지구경종 정지스위치 등이 눌러져 있을 때 점등되는 것으로 예비전원 상태와는 무관하다. 그러므로 틀린 답 (×)

정답 ③

47 그림은 P형 수신기의 도통시험을 위하여 도통시험 버튼 및 회로 3번 시험버튼을 누른 모습이다. 점검표 작성 내용으로 옳은 것은? (단, 회로 1, 2, 4, 5번의 점검결과는 회로 3번 결과와 동일하다.)

유사문제
23년 문38
22년 문40
21년 문33
20년 문26
20년 문33

교재 2권
PP.120
-121

점검항목	점검내용	점검결과	
		결 과	불량내용
수신기 도통시험	회로단선 여부	㉠	㉡

① ㉠ ×, ㉡ 회로 1, 2번의 단선 여부를 확인할 수 없음

② ㉠ ○, ㉡ 이상 없음

③ ㉠ ×, ㉡ 1번 회로 단선

④ ㉠ ○, ㉡ 회로 3번은 정상, 나머지 회선은 단선

해설

도통시험 정상램프가 점등되어 있으므로 회로단선 여부는 ○이고, 불량내용은 이상 없음

정답 ②

★★★
48 그림은 옥내소화전 감시제어반 중 펌프제어를 위한 스위치의 예시를 나타낸 것이다. 평상시 및 펌프점검시 스위치 위치에 대한 설명으로 옳은 것만 보기에서 있는대로 고른 것은?

유사문제
23년 문46
23년 문49
22년 문30
22년 문36
21년 문28

교재 2권
PP.50
-51

ㄱ 평상시 펌프선택스위치는 '수동' 위치에 있어 야 한다.
ㄴ 평상시 주펌프스위치는 '기동' 위치에 있어야 한다.
ㄷ 펌프 수동기동시 펌프 선택스위치는 '수동'에 있어야 한다.

① ㄱ
② ㄷ
③ ㄱ, ㄴ
④ ㄱ, ㄴ, ㄷ

해설

ㄱ 수동 → 연동
ㄴ 기동 → 정지

평상시 상태	수동기동 상태	점검시 상태
① 선택스위치 : **연동**	① 선택스위치 : **수동**	① 선택스위치 : **정지**
② 주펌프 : **정지**	② 주펌프 : **기동**	② 주펌프 : **정지**
③ 충압펌프 : **정지**	③ 충압펌프 : **기동**	③ 충압펌프 : **정지**

정답 ②

★★★
49 다음은 인공호흡에 관한 내용이다. 보기 중 옳은 것을 있는 대로 고른 것은?

교재 1권
p.264

▌인공호흡▐

ㄱ 턱을 목 아래쪽으로 내려 공기가 잘 들어가도록 해준다.
ㄴ 머리를 젖혔던 손의 엄지와 검지로 환자의 코를 잡아서 막고, 입을 크게 벌려 환자의 입을 완전히 막은 후 가슴 이 올라올 정도로 1초에 걸쳐서 숨을 불어 넣는다.
ㄷ 숨을 불어 넣을 때에는 환자의 가슴이 부풀어 오르는지 눈으로 확인하고 공기가 배출되도록 해야 한다.
ㄹ 인공호흡이 꺼려지는 경우에는 가슴압박만 시행할 수 있다.

① ㄱ
② ㄴ
③ ㄴ, ㄹ
④ ㄱ, ㄷ

해설

ㄱ 턱을 목 아래쪽으로 → 턱을 들어올려
ㄷ 공기가 배출되도록 해야 한다. → 숨을 불어넣은 후에는 입을 떼고 코도 놓아주어서 공기가 배출되도록 한다.

정답 ③

★★
50
유사문제
23년 문38
22년 문46
21년 문33
20년 문26
20년 문33

교재 2권
P.118

그림은 자동화재탐지설비 수신기의 작동 상태를 나타낸 것이다. 보기 중 옳은 것을 있는 대로 고른 것은?

⊙ 도통시험을 실시하고 있으며 좌측 구역은 단선이다.
ⓒ 화재통보기기는 발신기이다.
ⓒ 스위치주의등이 점멸되지 않는 것은 조작스위치가 눌러져 작동된 상태를 나타낸다.
ⓔ 수신기의 전원상태는 이상이 없다.

① ⊙, ⓒ   ② ⓒ, ⓒ
③ ⓒ, ⓔ   ④ ⓒ, ⓔ

해설

⊙ 도통시험버튼이 눌러져 있지 않으므로 도통시험을 실시하는 것이 아님

도통시험
○

ⓒ 발신기램프가 점등되어 있으므로 화재통보기기는 발신기이다.

발신기
-●-

ⓒ 점멸되지 않는 것은 → 점멸되는 것은

스위치주의
○

ⓔ 전압지시 정상램프가 점등되어 있으므로 수신기의 전원상태는 이상이 없다.

전압지시
○ 높음 -●-정상 ○ 낮음

정답 ④

제 ① 과목

01 소방대상물의 관계인이 아닌 것은?

교재 1권
PP.23
-24

① 감독자
② 관리자
③ 소유자
④ 점유자

해설 **관계인**

(1) **소**유자 보기 ③
(2) **관**리자 보기 ②
(3) **점**유자 보기 ④

 공하성 기억법 소관점

정답 ①

02 다음 중 대수선에 해당하지 않은 것은?

유사문제
20년 문11

교재 1권
P.132

① 기둥 2개를 수선 또는 변경하는 것
② 지붕틀 3개를 수선 또는 변경하는 것
③ 보 3개를 수선 또는 변경하는 것
④ 주계단, 피난계단 또는 특별피난계단을 증설 또는 해체하는 것

해설

① 2개 → 3개 이상

대수선의 범위

(1) **내력벽**을 증설 또는 해체하거나 그 벽면적을 **30m²** 이상 수선 또는 변경하는 것
(2) **기둥**을 증설 또는 해체하거나 **3개** 이상 수선 또는 변경하는 것 보기 ①
(3) **보**를 증설 또는 해체하거나 **3개** 이상 수선 또는 변경하는 것 보기 ③
(4) **지붕틀**(한옥의 경우에는 지붕틀의 범위에서 서까래 제외)을 증설 또는 해체하거나 **3개** 이상 수선 또는 변경하는 것 보기 ②
(5) 방화벽 또는 방화구획을 위한 바닥 또는 벽을 증설 또는 해체하거나 수선 또는 변경하는 것
(6) 주계단·피난계단 또는 특별피난계단을 증설 또는 해체하거나 수선 또는 변경하는 것 보기 ④

(7) 다가구주택의 가구 간 경계벽 또는 다세대주택의 세대 간 경계벽을 증설 또는 해체하거나 수선 또는 변경하는 것

(8) 건축물의 외벽에 사용하는 **마감재료**를 증설 또는 해체하거나 벽면적 **30m²** 이상 수선 또는 변경하는 것

> 정답 ①

03

유사문제
22년 문19
21년 문23

교재 1권
P.161

방화구획의 설치기준 중 스프링클러설비, 기타 이와 유사한 자동식 소화설비를 설치한 10층 이하의 층은 몇 m² 이내마다 구획하여야 하는가?

① 1000
② 1500
③ 2000
④ 3000

해설 방화구획의 기준

대상건축물	대상규모	층 및 구획방법		구획부분의 구조
주요구조부가 내화구조 또는 불연재료로 된 건축물	연면적 1000m² 넘는 것	10층 이하	• 바닥면적 **1000m²** 이내마다(스프링클러×3배=3000m²)	• 내화구조로 된 바닥·벽 • 방화문 • 자동방화셔터
		매 층마다	• 지하 1층에서 지상으로 직접 연결하는 경사로 부위는 제외	
		11층 이상	• 바닥면적 **200m²**(스프링클러×3배=600m²) 이내마다(내장재가 불연재인 경우 **500m²** 이내마다)(스프링클러×3배=1500m²)	

• **스프링클러설비**, 기타 이와 유사한 **자동식 소화설비**를 설치한 경우 바닥면적은 **위의 면적의 3배로** 산정
• **아파트**로서 **4층** 이상에 **대피공간** 설치시 다른 부분과 방화구획

> 정답 ④

04

교재 1권
P.172

다음은 연소의 3요소 중 가연물이 될 수 없는 조건과 물질이다. 아래의 조건과 해당되는 물질이 옳게 짝지어진 것은?

조 건	물 질
㉠ 불활성 기체 ㉡ 완전산화물 ㉢ 흡열반응물질	ⓐ 돌, 흙 ⓑ 질소 또는 질소산화물 ⓒ 물, 이산화탄소 ⓓ 헬륨, 네온, 아르곤 ⓔ 일산화탄소

① ㉠-ⓔ, ㉡-ⓓ, ㉢-ⓑ
② ㉠-ⓓ, ㉡-ⓑ, ㉢-ⓐ
③ ㉠-ⓓ, ㉡-ⓒ, ㉢-ⓑ
④ ㉠-ⓓ, ㉡-ⓑ, ㉢-ⓒ

특 징	불연성 물질
불활성기체	• 헬륨(He) • 네온(Ne) • 아르곤(Ar) • 크립톤(Kr) • 크세논(Xe) • 라돈(Rn) 공하성 기억법 헬네아크라
완전산화물	• 물(H_2O) • 이산화탄소(CO_2) • 산화알루미늄(Al_2O_3) • 삼산화황(SO_3)
흡열반응물질	• 질소(N_2) • 질소산화물(NO_x) 공하성 기억법 질흡(진흙)

정답 ③

★★★
05 가연성 물질의 구비조건으로 옳은 것은?

유사문제
22년 문21

교재 1권
PP.172
-173

① 산소와의 친화력이 작다.   ② 건조도가 낮다.
③ 연소열이 작다.   ④ 열전도율이 작다.

해설

① 작다 → 크다
② 낮다 → 높다
③ 작다 → 크다

가연성 물질의 구비조건
(1) 산소와의 친화력이 크다. 보기 ①
(2) **활성화에너지가 작다.**

∥활성화에너지∥

(3) **열전도율**이 **작다**. 보기 ④

←─ 〈가연물질별 열전도〉
- **철**: 열전도 빠르다(크다). → 불에 잘 타지 않는다.
- **종이**: 열전도 느리다(작다). → 불에 잘 탄다.

열전도 방향

┃ 열전도 ┃

(4) 연소열이 크다. 보기 ③
(5) 비표면적이 크다.
(6) 건조도가 높다. 보기 ②

정답 ④

★★★
06 다음 중 연소의 형태에 따른 물질로 짝지어진 것 중 옳지 않은 것은?

유사문제
22년 문23

① 표면연소 : 마그네슘 ② 분해연소 : 석탄
③ 증발연소 : 열가소성수지 ④ 자기연소 : 황

교재 1권
PP.176
-177

해설 연소형태의 종류

구 분	종 류
표면연소	• 숯 • 코크스 • 목재의 말기연소 • 금속(마그네슘 등) 보기 ① 종확성 기억법 **표숯코목금마**
분해연소	• 석탄 보기 ② • 종이 • 목재 종확성 기억법 **분종목재**
증발연소	• 황 보기 ④ • 고체파라핀(양초) • 열가소성 수지(열에 의해 녹는 플라스틱) 보기 ③
자기연소	• 자기반응성 물질(제5류 위험물) • 폭발성 물질

정답 ④

07 다음 중 연소 후 재를 남기지 않는 것은 무슨 화재인가?

유사문제 21년 문27

① 일반화재　　　　　　　　　　② 유류화재
③ 주방화재　　　　　　　　　　④ 금속화재

교재 1권 PP.180 -182

해설 화재의 종류

종 류	적응물질	소화약제
일반화재(A급)	• 보통가연물(폴리에틸렌 등) • 종이 • 목재, 면화류, 석탄 • **재를 남김**	① 물 ② 수용액
유류화재(B급)	• 유류 • 알코올 • **재를 남기지 않음** [보기 ②]	① 포(폼)
전기화재(C급)	• 변압기 • 배전반	① 이산화탄소 ② 분말소화약제 ③ 주수소화 금지
금속화재(D급)	• 가연성 금속류(나트륨 등)	① 금속화재용 분말소화약제 ② 건조사(마른 모래)
주방화재(K급)	• 식용유 • 동·식물성 유지	① 강화액

정답 ②

08 열 전달의 설명 중 화재에서 화염의 접촉 없이 연소가 확산되는 현상을 무엇이라 하는가?

유사문제 24년 문09

① 전도　　　　　　　　　　② 대류
③ 복사　　　　　　　　　　④ 비화

교재 1권 PP.185 -186

해설 열전달

종 류	설 명
전도(conduction)	• 하나의 물체가 다른 물체와 **직접 접촉**하여 전달되는 것
대류(convection)	• **유체**의 흐름에 의하여 열이 전달되는 것
복사(radiation)	• 화재시 열의 이동에 **가장 크게 작용**하는 열이동방식 • **화염**의 **접촉 없이** 연소가 확산되는 현상 [보기 ③] • 화재현장에서 **인접건물**을 **연소**시키는 주된 원인

용어 비화

불씨가 날아가서 다른 곳에 또 화재를 일으키는 것

정답 ③

09 연기의 수평방향 확산속도는?

교재 1권
P.187

① 0.5~1.0m/sec

② 1.0~1.2m/sec

③ 2~3m/sec

④ 3~5m/sec

해설 연기의 확산속도

구 분	확산속도
수평방향	0.5~1.0m/sec 보기①
계단실 등 수직방향	① 화재초기 : 2~3m/sec ② 농연 : 3~5m/sec

공하성 기억법 계35

정답 ①

10 ( ) 안에 들어갈 말로 옳은 것은?

교재 1권
P.101

> 위험물이란 ( ) 또는 ( ) 등의 성질을 가지는 것으로 대통령령이 정하는 물품이다.

① 발화성 또는 점화성

② 위험성 또는 인화성

③ 인화성 또는 발화성

④ 인화성 또는 점화성

해설 위험물
인화성 또는 **발화성** 등의 성질을 가지는 것으로서 **대통령령**이 정하는 물품

정답 ③

11 액화석유가스(LPG)에 대한 설명으로 옳지 않은 것은?

유사문제
24년 문14
21년 문20

① 가정용, 공업용으로 주로 사용된다.

② CH_4이 주성분이다.

교재 1권
P.204

③ 프로판의 폭발범위는 2.1~9.5%이다.

④ 비중이 1.5~2로 누출시 낮은 곳으로 체류한다.

해설
> ② CH_4 → C_3H_8 또는 C_4H_{10}

LPG vs LNG

구 분 \ 종 류	액화석유가스(LPG)	액화천연가스(LNG)
주성분	• 프로판(C_3H_8) • 부탄(C_4H_{10}) 보기 ② 종합성 기억법 P프부	• 메탄(CH_4) 종합성 기억법 N메
비 중	• 1.5~2(누출시 낮은 곳 체류) 보기 ④	• 0.6(누출시 천장 쪽 체류)
폭발범위 (연소범위)	• 프로판 : 2.1~9.5% 보기 ③ • 부탄 : 1.8~8.4%	• 5~15%
용 도	• 가정용 • 공업용 보기 ① • 자동차연료용	• 도시가스
증기비중	• 1보다 큰 가스	• 1보다 작은 가스
탐지기의 위치	• 탐지기의 **상단**은 **바닥면**의 **상방** 30cm 이내에 설치 탐지기 → 30cm 이내 바닥 ‖ LPG 탐지기 위치 ‖	• 탐지기의 **하단**은 **천장면**의 **하방** 30cm 이내에 설치 천장 30cm 이내 탐지기 → ‖ LNG 탐지기 위치 ‖
가스누설경보기의 위치	• 연소기 또는 관통부로부터 수평 거리 **4m** 이내에 설치	• 연소기로부터 수평거리 **8m** 이내 에 설치
공기와 무게 비교	• 공기보다 무겁다.	• 공기보다 가볍다.

정답 ②

12 다음 중 종합방재실의 구축효과로 옳지 않은 것은?

 교재 1권 P.240

① 화재피해의 최소화 ② 화재시 신속한 대응
③ 시스템 안전성 향상 ④ 유지관리 비용 증가

해설 ④ 증가 → 절감

종합방재실의 구축효과
(1) 화재피해 최소화 보기 ①
(2) 화재시 신속한 대응 보기 ②
(3) 시스템 안전성 향상 보기 ③
(4) 유지관리 비용 절감 보기 ④

정답 ④

13 다음 중 자동화재탐지설비의 소방시설 적용기준으로 틀린 것은?

유사문제
21년 문06
21년 문08

교재 2권
P.14

① 근린생활시설(목욕장 제외)로서 연면적 600m² 이상
② 판매시설로서 연면적 1000m² 이상
③ 업무시설로서 연면적 1000m² 이상
④ 교육연구시설로서 연면적 1500m² 이상

해설

④ 연면적 1500m² → 연면적 2000m²

자동화재탐지설비의 설치대상

설치대상	조 건
① 정신의료기관 · 의료재활시설	• 창살설치 : 바닥면적 300m² 미만 • 기타 : 바닥면적 300m² 이상
② 노유자시설	• 연면적 400m² 이상
③ 근린생활시설 보기 ① · 위락시설 ④ 의료시설(정신의료기관 또는 요양병원 제외) ⑤ 복합건축물 · 장례시설	• 연면적 600m² 이상
⑥ 목욕장 · 문화 및 집회시설, 운동시설 ⑦ 종교시설 ⑧ 방송통신시설 · 관광휴게시설 ⑨ 업무시설 보기 ③ · 판매시설 보기 ② ⑩ 항공기 및 자동차 관련시설 · 공장 · 창고시설 ⑪ 지하가(터널 제외) · 운수시설 · 발전시설 · 위험물 저장 및 처리시설 ⑫ 교정 및 군사시설 중 국방 · 군사시설	• 연면적 1000m² 이상
⑬ 교육연구시설 보기 ④ · 동식물관련시설 ⑭ 자원순환관련시설 · 교정 및 군사시설(국방 · 군사시설 제외) ⑮ 수련시설(숙박시설이 있는 것 제외) ⑯ 묘지관련시설	• 연면적 2000m² 이상
⑰ 지하가 중 터널	• 길이 1000m 이상
⑱ 지하구 ⑲ 노유자생활시설 ⑳ 공동주택 ㉑ 숙박시설 ㉒ 6층 이상인 건축물 ㉓ 조산원 및 산후조리원 ㉔ 전통시장 ㉕ 요양병원(정신병원과 의료재활시설 제외)	• 전부
㉖ 특수가연물 저장 · 취급	• 지정수량 500배 이상
㉗ 수련시설(숙박시설이 있는 것)	• 수용인원 100명 이상
㉘ 발전시설	• 전기저장시설

공하성 **기억법** 근위의복 6, 교동자교수 2

 정답 ④

★★★
14

^{유사문제}
24년 문10

교재 2권
P.17

침대가 있는 숙박시설로서 1인용 침대의 수가 15개이고 2인용 침대의 수가 20개이며, 종업원의 수가 2명이다. 수용인원은 몇 명인가?

① 37명　　　　　　　　　② 47명
③ 57명　　　　　　　　　④ 67명

해설 **수**용인원의 산정방법

특정소방대상물		산정방법
• 강의실 • 상담실 • 휴게실	• 교무실 • 실습실	$\dfrac{\text{바닥면적 합계}}{1.9m^2}$
• 숙박시설	침대가 있는 경우 →	종사자수＋침대수
	침대가 없는 경우	종사자수＋$\dfrac{\text{바닥면적 합계}}{3m^2}$
• 기타		$\dfrac{\text{바닥면적 합계}}{3m^2}$
• 강당 • 문화 및 집회시설, 운동시설 • 종교시설		$\dfrac{\text{바닥면적 합계}}{4.6m^2}$

● **소수점** 이하는 **반올림**한다.

공하성 기억법 수반(수반! 동반!)

숙박시설(침대가 있는 경우)＝종사자수＋침대수
　　　　　　　　　　　＝2명＋(1인용×15개)＋(2인용×20개)
　　　　　　　　　　　＝57명(소수점이 생기면 반올림)

정답 ③

★
15

^{유사문제}
23년 문45
22년 문29
22년 문41
21년 문40
20년 문34
20년 문40

교재 2권
PP.20
-22

소화설비 중 소화기구에 대한 설명으로 옳지 않은 것은?

① 소화기는 각 층마다 설치하고 소형소화기는 특정소방대상물의 각 부분으로부터 1개 소화기까지 보행거리는 20m 이내로 한다.
② ABC급 분말소화기의 주성분은 제1인산암모늄이다.
③ 능력단위가 2단위 이상이 되도록 소화기를 설치하여야 하는 특정소방대상물 또는 그 부분에 있어서는 간이소화용구의 능력단위가 전체 능력단위를 초과하지 않도록 하여야 한다.
④ 소화기의 내용연수는 10년으로 하고 내용연수가 지난 제품은 교체 또는 성능확인을 받아야 한다.

> 해설

③ 전체 능력단위를 → 전체 능력단위의 $\frac{1}{2}$을

소화기구 [교재 2권] P.20

(1) 소화능력 단위기준 및 보행거리 [보기 ①]

소화기 분류		능력단위	보행거리
소형소화기		1단위 이상	20m 이내
대형소화기	A급	10단위 이상	30m 이내
	B급	20단위 이상	

> 공하성 기억법) 보3대, 대2B(데이빗!)

(2) 분말소화기 [교재 2권] P.21

┃소화약제 및 적응화재┃

적응화재	소화약제의 주성분	소화효과
BC급	탄산수소나트륨(NaHCO₃)	• 질식효과
	탄산수소칼륨(KHCO₃)	• 부촉매(억제)효과
ABC급 [보기 ②]	제1인산암모늄($NH_4H_2PO_4$)	
BC급	탄산수소칼륨(KHCO₃)+요소($(NH_2)_2CO$)	

(3) 내용연수 [보기 ④] [교재 2권] P.22

소화기의 내용연수를 **10년**으로 하고 내용연수가 지난 제품은 교체 또는 성능확인을 받을 것

내용연수 경과 후 10년 미만	내용연수 경과 후 10년 이상
3년	1년

능력단위가 **2단위** 이상이 되도록 소화기를 설치하여야 할 특정소방대상물 또는 그 부분에 있어서는 **간이소화용구**의 능력단위가 전체능력단위의 $\frac{1}{2}$ 초과금지(노유자시설 제외) [보기 ③]

> 정답 ③

★★★
16 건축물의 주요구조부가 내화구조이고, 벽 및 반자의 실내에 면하는 부분이 불연재료로 된 바닥면적 600m²인 의료시설에 필요한 소화기구의 능력단위는?

[유사문제] 21년 문34
[교재 2권] P.24

① 2단위
② 3단위
③ 4단위
④ 6단위

해설 특정소방대상물별 소화기구의 능력단위기준

특정소방대상물	소화기구의 능력단위	건축물의 주요구조부가 **내화구조**이고, 벽 및 반자의 실내에 면하는 부분이 **불연재료 · 준불연재료** 또는 **난연재료**로 된 특정소방대상물의 능력단위
• **위**락시설 **공하성 기억법** 위3(위상)	바닥면적 **30**m²마다 1단위 이상	바닥면적 **60**m²마다 1단위 이상
• **공**연장 • **집**회장 • **관**람장 및 **문**화재 • **의료시설** 및 **장**례식장 **공하성 기억법** 5공연장 문의 집관람 (손오공 연장 문의 집관람)	바닥면적 **50**m²마다 1단위 이상	바닥면적 **100**m²마다 1단위 이상
• **근**린생활시설 • **판**매시설 • 운수시설 • **숙**박시설 • **노**유자시설 • **전**시장 • 공동**주**택(아파트 등) • **업**무시설(사무실 등) • **방**송통신시설 • 공장 · **창**고시설 • **항**공기 및 자동**차**관련시설 및 **관광**휴게시설 **공하성 기억법** 근판숙노전 주업방차창 1항 관광(근판숙노전 주업방차창 일본항 관광)	바닥면적 **100**m²마다 1단위 이상	바닥면적 **200**m²마다 1단위 이상
• 그 밖의 것	바닥면적 **200**m²마다 1단위 이상	바닥면적 **400**m²마다 1단위 이상

의료시설로서 **내화구조**이고 **불연재료**이므로 바닥면적 **100**m²마다 1단위 이상이므로

$$\frac{600\text{m}^2}{100\text{m}^2} = 6단위$$

정답 ④

17 옥내소화전설비에 대한 설명으로 옳은 것은?

교재 2권
P.37,
P.45,
P.59

① 옥내소화전(2개 이상인 경우 2개, 고층건축물의 경우 최대 5개)을 동시에 방수할 경우 방수압은 0.17MPa 이상, 0.7MPa 이하가 되어야 한다.

② 옥내소화전(2개 이상인 경우 2개, 고층건축물의 경우 최대 5개)을 동시에 방수할 경우 방수량은 350L/min 이상이어야 한다.

③ 방수구는 바닥으로부터 0.8m~1.5m 이하의 위치에 설치한다.

④ 옥내소화전설비의 호스의 구경은 25mm 이상의 것을 사용하여야 한다.

해설

② 350L/min → 130L/min

③ 0.8m~1.5m → 1.5m

④ 25mm → 40mm

(1) 옥내소화전설비 vs 옥외소화전설비   교재 2권 P.37, P.59

구 분	방수량	방수압	최소방출시간	소화전 최대개수
옥내소화전설비	• 130L/min 이상 보기 ②	• 0.17~0.7MPa 이하 보기 ①	• **20분** : 29층 이하 • **40분** : 30~49층 이하 • **60분** : 50층 이상	• 저층건축물 : 최대 **2개** • 고층건축물 : 최대 **5개** 보기 ①
옥외소화전설비	• 350L/min 이상	• 0.25~0.7MPa 이하	• **20분**	

(2) **옥내**소화전설비 호스구경   교재 2권 P.45

구 분	호 스
호스릴	**25mm** 이상
일 반	**40mm** 이상 보기 ④

 기억법   내호25, 내4(**내사** 종결)

비교   설치높이 1.5m 이하   교재 2권 P.26, P.45

(1) 소화기

(2) 옥내소화전 방수구 보기 ③

정답 ①

18

유사문제
24년 문01

교재 2권
PP.37
-38

30층 미만인 어느 건물에 옥내소화전이 1층에 6개, 2층에 4개, 3층에 4개가 설치된 소방대상물의 최소수원의 양은?

① $2.6m^3$　　　　　　② $5.2m^3$
③ $10.8m^3$　　　　　④ $13m^3$

해설 **옥내소화전설비 수원의 저수량**

> $Q = 2.6N$(30층 미만, N : 최대 2개)
> $Q = 5.2N$(30~49층 이하, N : 최대 5개)
> $Q = 7.8N$(50층 이상, N : 최대 5개)

여기서, Q : 수원의 저수량[m^3]
　　　　N : 가장 많은 층의 소화전개수

수원의 **저수량** Q는

$Q = 2.6N = 2.6 \times 2 = 5.2m^3$

정답 ②

19

교재 2권
PP.66
-67

폐쇄형 스프링클러헤드는 설치장소의 평상시 최고 주위온도가 39℃ 이상 64℃ 미만인 경우 표시온도는 어떤 것을 설치하여야 하는가?

① 79℃ 미만
② 79℃ 이상 121℃ 미만
③ 79℃ 이상 121℃ 이하
④ 121℃ 이상 162℃ 미만

해설 **폐쇄형 스프링클러헤드**

설치장소의 최고주위온도	표시온도
39℃ 미만	**79**℃ 미만
39~**64**℃ 미만 →	79~**121**℃ 미만 보기 ②
64~**106**℃ 미만	121~**162**℃ 미만
106℃ 이상	162℃ 이상

※ **비고** : 높이 4m 이상인 공장 및 창고(랙크식창고 포함)는 표시온도 121℃ 이상으로 할 것

공하성 기억법	39	79
	64	121
	106	162

정답 ②

20
교재 2권 P.67

지하층을 제외한 10층 이하인 소방대상물 중 공장(특수가연물을 저장·취급하는 것)의 경우 스프링클러헤드의 기준개수는?

① 10개   ② 20개
③ 30개   ④ 40개

해설 폐쇄형 헤드의 기준개수

특정소방대상물			폐쇄형 헤드의 기준개수
지하가·지하역사			30 보기 ③
11층 이상			
10층 이하	공장(**특수가연물**) ⟶		
	판매시설(슈퍼마켓, 백화점 등), 복합건축물(판매시설이 설치된 것)		
	근린생활시설·운수시설		20
	8m 이상		
	8m 미만		10
공동주택(아파트 등)			10(각 동이 주차장으로 연결된 주차장 30)

정답 ③

21
유사문제 21년 문48 20년 문50

교재 2권 PP.79 -80

습식 스프링클러설비에서 알람밸브 2차측 압력이 저하되어 클래퍼가 개방(작동)되면 이후 일어나는 현상은?

① 클래퍼 개방에 따른 압력수 유입으로 압력스위치가 동작한다.
② 가속기의 동작으로 1차측 물이 2차측으로 더욱 빠르게 이동한다.
③ 주펌프와 충압펌프가 번갈아가면서 기동된다.
④ 주펌프만 기동된다.

해설 알람밸브 2차측 압력이 저하되어 **클래퍼**가 **개방**되면 클래퍼 개방에 따른 **압력수 유입**으로 **압력스위치**가 **동작**된다. 보기 ①

정답 ①

22
교재 2권 PP.83 -84

준비작동식 스프링클러설비의 점검시 A감지기 또는 B감지기 하나만 작동시 확인하여야 할 사항은?

① 솔레노이드밸브 개방 여부 확인
② 경종 또는 사이렌 경보, 화재표시등 점등 여부 확인
③ 감시제어반 밸브개방 표시등 점등 여부 확인
④ 펌프의 자동기동 여부 확인

해설 **준비작동식 스프링클러설비 작동**

A or B 감지기 작동	A and B 감지기 작동
① 경종 또는 사이렌 경보 보기 ② ② 화재표시등 점등 보기 ②	① **경종** 또는 **사이렌** 경보 ② **화재표시등** 점등 ③ 준비작동식 유수검지장치 작동 ④ 2차측으로 급수 ⑤ **헤드 개방**, 방수 ⑥ 배관 내 압력저하로 기동용 수압개폐장치의 **압력스위치** 작동 ⑦ 펌프 기동

정답 ②

★★★
23

유사문제
21년 문25

교재 2권
PP.53
-57

그림에서 펌프토출측의 개폐표시형 개폐밸브를 잠그고 성능시험배관의 유량조절밸브를 잠근상태로 펌프를 기동하여 압력을 확인하며, 정격토출압력의 140% 이하인지를 확인하는 시험을 무엇이라고 하는가?

① 체절운전
② 최대운전
③ 정격부하운전
④ 피크부하운전

 해설 **펌프성능시험**

구 분	운전방법	확인사항
체절운전 (무부하시험, No Flow Condition)	① **펌프토출측 개폐밸브 폐쇄** ② **성능시험배관 개폐밸브, 유량조절밸브** 폐쇄 ③ 펌프 **기동**	① 체절압력이 **정격토출압력**의 **140% 이하**인지 확인 보기 ① ② 체절운전시 체절압력 미만에서 릴리프밸브가 작동하는지 확인

구 분	운전방법	확인사항
정격부하운전 (정격부하시험, Rated Load, 100% 유량운전)	① 펌프 **기동** ② 유량조절밸브를 개방	**유량계**의 유량이 **정격유량**상태 (100%)일 때 **정격토출압 이상** 이 되는지 확인
최대운전 (피크부하시험, Peak Load, 150% 유량운전)	유량조절밸브를 더욱 개방	유량계의 유량이 **정격토출량**의 **150%**가 되었을 때 **정격토출압** 의 **65%** 이상이 되는지 확인

☑ **중요** **펌프성능시험**

(1) 정격토출량 = 토출량[L/min]×1.0(100%)
(2) 체절운전 = 토출압력(양정)×1.4(140%)
(3) 150% 유량운전 토출량 = 토출량[L/min]×1.5(150%)
(4) 150% 유량운전 토출압 = 정격양정[m]×0.65(65%)

정답 ①

★★★
24
유사문제
24년 문22

교재 2권
P.103

어느 건축물의 바닥면적이 각각 1층 700m², 2층 600m², 3층 300m², 4층 200m²이다. 이 건축물의 최소 경계구역수는?

① 3개   ② 4개
③ 5개   ④ 6개

해설 (1) 1층 : 1경계구역의 면적은 **600m²** 이하로 하여야 하므로 바닥면적을 600m²로 나누어주면 된다.

$$1층 : \frac{700m^2}{600m^2} = 1.1 ≒ 2개(소수점 올림)$$

(2) 2층 : 2층 바닥면적이 600m² 이하이지만 한 변의 길이가 **50m**를 **초과**하므로 **2개**로 나뉜다.
면적길이가 모두 주어진 경우 면적, 길이 2가지를 모두 고려해서 큰 값을 적용한다.

$$2층 : \frac{50m + 10m + 10m}{50m} = 1.4 ≒ 2개(소수점 올림)$$

(3) 3~4층 : 500m² 이하는 2개층을 1경계구역으로 할 수 있으므로 2개층의 합이 500m² 이하일 때는 **500m²**로 나누어주면 된다.

$$3\sim4층 : \frac{(300+200)\text{m}^2}{500\text{m}^2} = 1개 \qquad \therefore 2개+2개+1개=5개$$

정답 ③

25 주방에 설치하는 감지기는?

유사문제
24년 문02

① 차동식 스포트형 감지기　　　　② 이온화식 스포트형 감지기
③ 정온식 스포트형 감지기　　　　④ 광전식 스포트형 감지기

교재 2권
P.108

해설 감지기의 구조

정온식 스포트형 감지기	차동식 스포트형 감지기
① 바이메탈, 감열판, 접점 등으로 구분 합격생 기억법 바정(봐줘)	① 감열실, 다이어프램, 리크구멍, 접점 등으로 구성
② 보일러실, 주방 설치 보기 ③	② 거실, 사무실 설치
③ 주위온도가 일정온도 이상이 되었을 때 작동	③ 주위 온도가 일정상승률 이상이 되는 경우에 작동

정답 ③

제 ② 과목

26 다음 그림의 소화기를 점검하였다. 점검결과에 대한 내용으로 옳은 것은?

유사문제
23년 문15
23년 문33
23년 문39
22년 문35
22년 문41
21년 문40
21년 문46
20년 문34
20년 문40

교재 2권
P.22,
PP.28
-29

주의사항
1. 매월 1회 이상 지시압력계의 바늘이 정상위치에 있는가를 확인
2. 소화기 설치시에는 태양의 직사 고온다습의 장소를 피한다.
3. 사용시에는 바람을 등지고 방사하고 사용 후에는 내부약제를 완전 방출하여야 한다.
4. 사람을 향하여 방사하지 마십시오.
※ 소화약제 물질 안전자료 관련정보(MSDS정보)
① 위험물질 정보(0.1% 초과시 목록) : 없음
② 내용물의 5%를 초과하는 화학물질목록 : 제1인산암모늄, 석분
③ 위험한 약제에 관한 정보 : 폐자극성 분진

제조연월	2008.06

기출문제 2023

번 호	점검항목	점검결과
1-A-007	○ 지시압력계(녹색범위)의 적정 여부	㉠
1-A-008	○ 수동식 분말소화기 내용연수(10년) 적정 여부	㉡

설비명	점검항목	불량내용
소화설비	1-A-007	㉢
	1-A-008	

① ㉠ ×, ㉡ ○, ㉢ 약제량 부족
② ㉠ ○, ㉡ ○, ㉢ 없음
③ ㉠ ×, ㉡ ×, ㉢ 약제량 부족, 내용연수 초과
④ ㉠ ○, ㉡ ×, ㉢ 내용연수 초과

 해설

㉠ 지시압력계가 녹색범위를 가리키고 있으므로 적정 여부는 ○

‖ 지시압력계의 색표시에 따른 상태 ‖

노란색(황색)	녹 색	적 색
‖ 압력이 부족한 상태 ‖	‖ 정상압력 상태 ‖	‖ 정상압력보다 높은 상태 ‖

- 용기 내 압력을 확인할 수 있도록 지시압력계가 부착되어 사용가능한 범위가 **0.7~0.98MPa**로 녹색으로 되어 있음

㉡ 제조연월 : 2008.6이고 내용연수가 10년이므로 유효기간은 2018.6까지 이다. 내용연수가 초과되었으므로 ×

㉢ 불량내용은 내용연수 초과이다.
- 소화기의 내용연수를 10년으로 하고 내용연수가 지난 제품은 교체 또는 성능확인을 받을 것

‖ 내용연수 ‖

내용연수 경과 후 10년 미만	내용연수 경과 후 10년 이상
3년	1년

정답 ④

★★ 27

유사문제
24년 문16
24년 문37
20년 문33

교재 2권
PP.122
-123

P형 수신기 예비전원시험(전압계 방식)을 하기 위해 예비전원버튼을 눌렀을 때 전압계가 다음과 같이 지시하였다. 다음 중 옳은 설명은?

① 예비전원이 정상이다.
② 예비전원이 불량이다.
③ 교류전원을 점검하여야 한다.
④ 예비전원전압이 과도하게 높다.

 해설

① 정상 → 불량
③ 교류전원 → 예비전원
  예비전원이 0V를 가리키고 있으므로 예비전원을 점검하여야 한다.
④ 높다 → 낮다

‖ 0V를 가리킴 ‖

‖ 예비전원시험 ‖   교재 2권 P.122

전압계인 경우 정상	램프방식인 경우 정상
19~29V	녹색

적색 ─── 26V 이상
녹색 ─── 24V 정상
황색 ─── 22V 이하

예비전원시험

전압표시

‖ 예비전원시험 ‖

‖ 24V를 가리킴 ‖

정답 ②

28

유사문제
22년 문31
20년 문36

교재 2권
PP.81
-82

아래의 그림은 준비작동식 스프링클러 점검시 유수검지장치를 작동시키는 방법과 감시제어반에서 확인해야 할 사항이다. 다음 중 옳은 것을 모두 고르시오.

1. 프리액션밸브 유수검지장치를 작동시키는 방법
   ㉠ 화재동작시험을 통한 A, B 감지기 작동
   ㉡ 해당 구역 감지기(A, B) 2개 회로 작동
   ㉢ 말단시험밸브 개방

2. 감시제어반 확인사항
   ㉣ 해당 구역 감지기 A, B 지구표시등 점등
   ㉤ 프리액션밸브 개방표시등 점등
   ㉥ 도통시험회로 단선 여부 확인
   ㉦ 발신기표시등 점등 확인

① ㉠, ㉡, ㉣, ㉥
② ㉠, ㉢, ㉣, ㉤
③ ㉠, ㉡, ㉣, ㉤
④ ㉠, ㉢, ㉥, ㉦

해설

㉢ 말단시험밸브는 습식 · 건식 스프링클러설비에만 있으므로 프리액션밸브(준비작동식)은 해당 없음

㉥ 도통시험회로 단선 여부는 유수검지장치 작동과 무관함

㉦ 발신기표시등은 자동화재탐지설비에 적용되므로 준비작동식에는 관계 없음

말단시험밸브 여부

습식 · 건식 스프링클러설비	준비작동식 · 일제살수식 스프링클러설비
말단시험밸브 ○	말단시험밸브 ×

정답 ③

★★
29

가스계 소화설비 기동용기함의 솔레노이드밸브 점검 전 상태를 참고하여 안전조치의 순서로 옳은 것은?

유사문제
23년 문36
22년 문32
21년 문30

교재 2권
P.95

┃솔레노이드밸브 점검 전┃ ㉠ 안전핀 제거 ㉡ 솔레노이드 분리 ㉢ 안전핀 체결

① ㉡ - ㉢ - ㉠
② ㉢ - ㉡ - ㉠
③ ㉢ - ㉠ - ㉡
④ ㉡ - ㉠ - ㉢

해설 기동용기함의 솔레노이드밸브의 점검 전 안전조치 순서

㉢ 안전핀 체결 → ㉡ 솔레노이드 분리 → ㉠ 안전핀 제거

정답 ②

★★★
30

화재발생시 제연설비 작동순서로 옳은 것은?

유사문제
24년 문27
23년 문48
22년 문27
21년 문26
21년 문42
20년 문27

교재 2권
P.169

㉠ 화재발생
㉡ 감지기 작동, 발신기 수동기동장치 누름, 댐퍼 수동기동장치 누름
㉢ 급기송풍기 작동
㉣ 급기댐퍼 개방

① ㉠ - ㉡ - ㉣ - ㉢
② ㉢ - ㉣ - ㉠ - ㉡
③ ㉠ - ㉢ - ㉡ - ㉣
④ ㉠ - ㉡ - ㉢ - ㉣

해설 제연설비 작동순서

정답 ①

★★
31

교재 2권
PP.334
-335

김소방씨는 어느 건물에 자동화재탐지설비의 작동점검을 한 후 작동점검표에 점검결과를 다음과 같이 작성하였다. 점검항목에 '조작스위치가 정상위치에 있는지 여부'는 어떤 것을 확인하여야 알 수 있었겠는가?

자동화재탐지설비　　　　　　　　　　　　　　　　　　　　（양호○, 불량×, 해당없음/）

구 분	점검번호	점검항목	점검결과
수신기	15-B-002	• 조작스위치가 정상위치에 있는지 여부	○
	15-B-006	• 수신기 음향기구의 음량 · 음색 구별 가능 여부	○
감지기	15-D-009	• 감지기 변형 · 손상 확인 및 작동시험 적합 여부	○
전원	15-H-002	• 예비전원 성능 적정 및 상용전원 차단시 예비전원 자동전환 여부	×
배선	15-I-003	• 수신기 도통시험회로 정상 여부	○

① 회로단선 여부 확인
② 예비전원 및 예비전원감시등 확인
③ 교류전원감시등 확인
④ 스위치주의등 확인

해설 작동점검표

자동화재탐지설비　　　　　　　　　　　　　　　　　　　　（양호○, 불량×, 해당없음/）

구 분	점검번호	점검항목	점검결과
수신기	15-B-002	• 조작스위치가 정상위치에 있는지 여부 　 스위치주의등 확인	○
	15-B-006	• 수신기 음향기구의 음량 · 음색 구별 가능 여부	○
감지기	15-D-009	• 감지기 변형 · 손상 확인 및 작동시험 적합 여부	○
전원	15-H-002	• 예비전원 성능 적정 및 상용전원 차단시 예비전원 　 예비전원 및 예비전원감시등 확인 　 자동전환 여부	×
배선	15-I-003	• 수신기 도통시험 회로 정상 여부 　 회로단선 여부	○

 정답 ④

32

수신기 점검시 1F 발신기를 눌렀을 때 건물 어디에서도 경종(음향장치)이 울리지 않았다. 이때 수신기의 스위치 상태로 옳은 것은?

유사문제
20년 문49

교재 2권
p.116

① ㉠ 스위치가 눌러져 있다.
② ㉡ 스위치가 눌러져 있다.
③ ㉠, ㉡ 스위치가 눌러져 있다.
④ 스위치가 눌러져 있지 않다.

 해설
③ ㉠ 주경종 정지스위치, ㉡ 지구경종 정지스위치를 누르면 경종(음향장치)이 울리지 않는다.

정답 ③

33

다음 소화기 점검 후 아래 점검결과표의 작성(㉠~㉡순)으로 가장 적합한 것은?

유사문제
23년 문26
23년 문39
22년 문35
22년 문41
21년 문40
21년 문46
20년 문34
20년 문40

교재 2권
PP.28
-29
P.334

소화기 점검사항

번 호	점검항목	점검결과
1-A-006	○ 소화기의 변형손상 또는 부식 등 외관의 이상 여부	㉠
1-A-007	○ 지시압력계(녹색범위)의 적정 여부	㉡

설비명	점검항목	불량내용
소화설비	1-A-007	ⓒ
	1-A-008	

① ㉠ ○, ㉡ ×, ㉢ 약제량 부족
② ㉠ ○, ㉡ ×, ㉢ 외관부식, 호스파손
③ ㉠ ×, ㉡ ○, ㉢ 외관부식, 호스파손
④ ㉠ ×, ㉡ ○, ㉢ 약제량 부족

해설
㉠ 호스가 파손되었고 소화기가 부식되었으므로 외관의 이상이 있기 때문에 ×
㉡ 지시압력계가 녹색범위를 가리키고 있으므로 적정 여부는 ○
㉢ 불량내용은 외관부식과 호스파손이다.
※ 양호 ○, 불량 ×로 표시하면 됨

정답 ③

★★★
34 옥내소화전 방수압력시험에 필요한 장비로 옳은 것은?

유사문제
24년 문32
24년 문39
22년 문47
21년 문47
20년 문29
20년 문46

교재 2권
PP.48
-49

①

②

③

④

해설 옥내소화전 방수압력 측정
(1) 측정장치 : 방수압력측정계(피토게이지)
(2)

방수량	방수압력
130L/min	0.17~0.7MPa 이하

(3) 방수압력 측정방법 : 방수구에 호스를 결속한 상태로 노즐의 선단에 방수압력측정계(피토게이지)를 근접 $\left(\dfrac{D}{2}\right)$ 시켜서 측정하고 방수압력측정계의 압력계상의 눈금을 확인한다.

| 방수압력 측정 |

정답 ②

35

유사문제
24년 문26
24년 문42
22년 문43
20년 문42

교재 2권
PP.79
-81

습식 스프링클러설비 시험밸브 개방시 감시제어반의 표시등이 점등되어야 할 것으로 올바르게 짝지어 진 것으로 옳은 것은? (단, 설비는 정상상태이며, 주어지지 않은 조건을 무시한다.)

① ㉠, ㉫ 　　　　　　　　② ㉡, ㉢
③ ㉢, ㉣ 　　　　　　　　④ ㉣, ㉤

해설 **시험밸브 개방시 작동 또는 점등되어야 할 것**
  (1) 펌프작동
  (2) 감시제어반 밸브개방표시등(습식 : 알람밸브표시등) 점등
  (3) 음향장치(사이렌)작동
  (4) 화재표시등 점등

정답 ①

★★★
36

유사문제
23년 문29
22년 문32
21년 문30

교재 2권
P.95

보기(㉠~㉣)를 보고 가스계 소화설비의 점검 전 안전조치를 순서대로 나열한 것으로 옳은 것은?

㉠ 솔레노이드밸브 분리	㉡ 연결된 조작동관 분리
㉢ 감시제어반 연동 정지	㉣ 솔레노이드밸브 안전핀 제거

① ㉡ - ㉢ - ㉣ - ㉠
② ㉡ - ㉢ - ㉠ - ㉣
③ ㉡ - ㉠ - ㉢ - ㉣
④ ㉢ - ㉡ - ㉣ - ㉠

해설 **가스계 소화설비의 점검 전 안전조치**
㉡ 연결된 조작동관 분리 → ㉢ 감시제어반 연동 정지 → ㉠ 솔레노이드밸브 분리 → ㉣ 솔레노이드 밸브 안전핀 제거

정답 ②

★
37

유사문제
24년 문35
23년 문43
23년 문50
21년 문43
20년 문38
20년 문43
20년 문48

교재 1권
P.263

환자를 발견 후 그림과 같이 심폐소생술을 하고 있다. 이때 올바른 속도와 가슴압박 깊이로 옳은 것은?

① 속도 : 40~60회/분, 압박 깊이 : 1cm
② 속도 : 40~60회/분, 압박 깊이 : 5cm
③ 속도 : 100~120회/분, 압박 깊이 : 1cm
④ 속도 : 100~120회/분, 압박 깊이 : 5cm

해설 성인의 가슴압박

(1) 환자의 **어깨**를 두드린다.

(2) 쓰러진 환자의 얼굴과 가슴을 <u>10초 이내</u>로 관찰하여 호흡이 있는지를 확인한다.
　　　　　　　　　　　　　10초 이상 ✕

(3) 구조자의 체중을 이용하여 압박

(4) 인공호흡에 자신이 없으면 가슴압박만 시행

구 분	설 명 보기 ④
속 도	분당 **100~120회**
깊 이	약 **5cm(소아 4~5cm)**

▌가슴압박 위치▌

정답 ④

★★★
38

그림의 수신기가 비화재보인 경우, 화재를 복구하는 순서로 옳은 것은?

유사문제
24년 문28
24년 문29
24년 문30
24년 문37
24년 문44
24년 문46
24년 문47
24년 문50
22년 문46
21년 문33
20년 문26
20년 문33
20년 문44
20년 문49

교재 2권
PP.130
-131

⊙ 수신기 확인
ⓛ 수신반 복구
ⓒ 음향장치 정지
ⓔ 실제 화재 여부 확인
ⓜ 발신기 복구
ⓗ 음향장치 복구

① ㉠－㉣－㉢－㉪－㉭－ⓛ　　② ㉠－㉣－㉢－㉪－ⓛ－㉭

③ ㉣－㉠－㉪－㉢－ⓛ－㉭　　④ ㉣－㉠－㉢－㉪－ⓛ－㉭

해설 비화재보 복구순서

㉠ 수신기 확인 － ㉣ 실제 화재 여부 확인 － ㉢ 음향장치 정지 － ㉪ 발신기 복구 －

ⓛ 수신반 복구 － ㉭ 음향장치 복구 － 스위치주의등 확인

정답 ②

★★★
39 다음 그림의 축압식 분말소화기 지시압력계에 대한 설명으로 옳은 것은?

유사문제
23년 문16
22년 문35
21년 문40
21년 문46
20년 문34
20년 문40

교재 2권
PP.28
-29

① 압력이 부족한 상태이다.
② 압력이 0.7MPa을 가리키게 되면 소화기를 교체하여야 한다.
③ 지시압력이 0.7~0.98MPa에 위치하고 있으므로 정상이다.
④ 소화약제를 정상적으로 방출하기 어려울 것으로 보인다.

해설

> ① 부족한 상태 → 정상상태
> ② 0.7MPa → 0.7~0.98MPa, 교체하여야 한다. → 교체하지 않아도 된다.
> ③ 용기 내 압력을 확인할 수 있도록 지시압력계가 부착되어 사용 가능한 범위가 0.7~0.98MPa로 녹색으로 되어 있음
> ④ 어려울 것으로 보인다. → 용이한 상태이다.

지시압력계
(1) 노란색(황색) : 압력부족
(2) 녹색 : 정상압력
(3) 적색 : 정상압력 초과

노란색
(황색) 녹색 적색

▌소화기 지시압력계 ▌

▌지시압력계의 색표시에 따른 상태 ▌

노란색(황색)	녹 색	적 색
▌압력이 부족한 상태 ▌	▌정상압력 상태 ▌	▌정상압력보다 높은 상태 ▌

정답 ③

기출문제 2023

40 종합점검 중 주펌프 성능시험을 위하여 주펌프만 수동으로 기동하려고 한다. 감시 제어반의 스위치 상태로 옳은 것은?

유사문제
24년 문34
22년 문36

교재 2권
PP.50
-51

해설 점등램프

주펌프만 수동으로 기동 보기 ①	충압펌프만 수동으로 기동	주펌프 · 충압펌프 수동으로 기동
① 선택스위치 : 수동 ② 주펌프 : 기동 ③ 충압펌프 : 정지	① 선택스위치 : 수동 ② 주펌프 : 정지 ③ 충압펌프 : 기동	① 선택스위치 : 수동 ② 주펌프 : 기동 ③ 충압펌프 : 기동

정답 ①

41 준비작동식 스프링클러설비 밸브개방시험 전 유수검지장치실에서 안전조치를 하려고 한다. 보기 중 안전조치 사항으로 옳은 것은?

교재 2권
P.81

① ㉠   ② ㉡
③ ㉢   ④ ㉣

해설 준비작동식 스프링클러설비 밸브개방시험 전에는 1차측은 개방, 2차측은 폐쇄되어 있어야 스프링클러헤드를 통해 물이 방사되지 않아서 안전하다.

②정답 ④

★★
42 다음 그림과 같이 가스계 소화설비 기동용기함의 압력스위치 점검(작동)시험을 실시하였을 때, 확인해야 할 사항으로 옳은 것은?

교재 2권
P.96

① 솔레노이드밸브의 격발을 확인한다.
② 제어반에서 화재표시등의 점등을 확인한다.
③ 수동조작함 방출등 점등을 확인한다.
④ 경보발령 여부를 확인한다.

해설

③ 압력스위치를 작동시키면 방출등(방출표시등)이 점등되므로 방출등 점등을 확인하는 것이 맞음

②정답 ③

43 성인심폐소생술의 가슴압박에 대한 설명으로 옳지 않은 것은?

유사문제
24년 문35
23년 문37
23년 문50
21년 문43
20년 문38
20년 문43
20년 문48

교재 1권
PP.262
-264

① 환자를 바닥이 단단하고 평평한 곳에 등을 대고 눕힌다.
② 가슴압박시 가슴뼈(흉골) 위쪽의 절반 부위에 깍지를 낀 두 손의 손바닥 뒤꿈치를 댄다.
③ 구조자는 양팔을 쭉 편 상태로 체중을 실어서 환자의 몸과 수직이 되도록 가슴을 압박한다.
④ 100~120회/분의 속도로 환자의 가슴이 약 5cm 깊이로 눌릴 수 있게 압박한다.

 해설

> ② 위쪽 → 아래쪽

일반인 심폐소생술 시행방법
(1) 환자의 **어깨**를 두드린다.
(2) 쓰러진 환자의 얼굴과 가슴을 <u>10초 이내</u>로 관찰하여 호흡이 있는지를 확인한다.
　　　　　　　　10초 이상 ✕
(3) 환자를 바닥이 단단하고 **평평한 곳**에 등을 대고 눕힌다. 보기 ①
(4) 가슴압박시 가슴뼈(흉골) **아래쪽**의 절반 부위에 깍지를 낀 두 손의 손바닥 뒤꿈치를 댄다. 보기 ②
(5) 구조자는 양팔을 쭉 편 상태로 체중을 실어서 환자의 몸과 **수직**이 되도록 가슴을 압박한다. 보기 ③
(6) 구조자의 체중을 이용하여 압박한다.
(7) 인공호흡에 자신이 없으면 가슴압박만 시행한다.

구 분	설 명 보기 ④
속 도	분당 **100~120회**
깊 이	약 **5cm**(소아 4~5cm)

┃ 가슴압박 위치 ┃

정답 ②

44 그림과 같이 감지기 점검시 점등되는 표시등으로 옳은 것은?

유사문제
24년 문28
22년 문28
22년 문39
21년 문45

교재 2권
P.115,
P.130

2층 감지기

감지기 시험기

① ㉠, ㉡

② ㉡, ㉣

② ㉡, ㉢

④ ㉠, ㉡, ㉢, ㉣

해설

왼쪽그림은 2층 감지기 동작시험을 하는 그림이다.
2층 감지기가 동작되면 ㉠ 화재표시등, ㉡ 2층 지구표시등이 점등된다.

정답 ①

45 다음 분말소화기의 약제의 주성분은 무엇인가?

유사문제
23년 문15
22년 문29
21년 문40
20년 문34

교재 2권
P.21

① $NH_4H_2PO_4$

② $NaHCO_3$

③ $KHCO_3$

④ $KHCO_3+(NH_2)_2CO$

해설

① 적응화재가 ABC급이므로 제1인산암모늄($NH_4H_2PO_4$) 정답

분말소화기

▌소화약제 및 적응화재▐

적응화재	소화약제의 주성분	소화효과
BC급	탄산수소나트륨($NaHCO_3$)	• 질식효과 • 부촉매(억제)효과
	탄산수소칼륨($KHCO_3$)	
ABC급	제1인산암모늄($NH_4H_2PO_4$)	
BC급	탄산수소칼륨($KHCO_3$)+요소($(NH_2)_2CO$)	

정답 ①

★★★
46

화재발생시 옥내소화전을 사용하여 충압펌프가 작동하였다. 다음 그림을 보고 표시등(㉠~㉤) 중 점등되는 것을 모두 고른 것은? (단, 설비는 정상상태이며 제시된 조건을 제외하고 나머지 조건은 무시한다.)

유사문제
24년 문31
24년 문40
23년 문49
22년 문30
22년 문36
21년 문28
21년 문35
21년 문41
20년 문28
20년 문35
20년 문41

실무교재
P.79

① ㉠, ㉡, ㉢

② ㉠, ㉢, ㉣

③ ㉠, ㉣

④ ㉠, ㉣, ㉤

해설

③ 충압펌프가 작동되었으므로 동력제어반 기동램프 점등 보기 ㉠, 감시제어반에서 충압펌프 압력스위치 램프 점등 보기 ㉣

충압펌프 작동	주펌프 작동
① 동력제어반 기동램프 : 점등	① 동력제어반 기동램프 : 점등
② 감시제어반 충압펌프 압력스위치램프 : 점등	② 감시제어반 주펌프 압력스위치램프 : 점등

정답 ③

기출문제 2023

★★★
47 다음 조건을 기준으로 스프링클러설비의 주펌프 압력스위치의 설정값으로 옳은 것은? (단, 압력스위치의 단자는 고정되어 있으며, 옥상수조는 없다.)

유사문제
22년 문48
21년 문29
21년 문36
20년 문47

실무교재
P.83

- 조건1 : 펌프양정 70m
- 조건2 : 가장 높이 설치된 헤드로부터 펌프 중심점까지의 낙차를 압력으로 환산한 값 = 0.3MPa

① RANGE : 0.7MPa, DIFF : 0.3MPa
② RANGE : 0.3MPa, DIFF : 0.7MPa
③ RANGE : 0.7MPa, DIFF : 0.25MPa
④ RANGE : 0.7MPa, DIFF : 0.2MPa

해설 **스프링클러설비의 기동점, 정지점**

기동점(기동압력)	정지점(양정, 정지압력)
기동점=RANGE−DIFF=자연낙차압+0.15MPa	정지점=RANGE

정지점(양정)=RANGE=70m=0.7MPa
기동점=자연낙차압+0.15MPa=0.3MPa+0.15MPa=0.45MPa
          =RANGE−DIFF
DIFF=RANGE−기동점=0.7MPa−0.45MPa=0.25MPa

▶ **중요**

(1) 압력스위치

DIFF(Difference)	RANGE
펌프의 작동정지점에서 기동점과의 **압력차이**	펌프의 **작동정지점**

(a) 압력스위치   (b) DIFF, RANGE의 설정 예

(2) 충압펌프 기동점

충압펌프 기동점=주펌프 기동점+0.05MPa

정답 ③

★★★
48 제연설비 점검시 감시제어반의 표시등 상태를 나타낸 것이다. 다음 점검표 서식에 작성한 점검결과와 불량내용으로 옳은 것은? (단, 제시된 조건을 제외한 나머지 조건은 무시한다.)

유사문제
24년 문27
23년 문30
21년 문26
21년 문42
20년 문27

실무교재
P.97

‖감지기 동작시‖

‖댐퍼 수동기동스위치 기동시‖

구 분	점검번호	점검항목	점검결과
급기구	25-C-001	급기댐퍼 설치상태(화재감지기 동작에 따른 개방) 적정 여부	㉠
송풍기	25-D-002	화재감지기 동작 및 수동 조작에 따라 작동하는지 여부	㉡

① ㉠ ○, ㉡ ×, 불량내용 : 송풍기 미작동
② ㉠ ○, ㉡ ○, 불량내용 : 없음
③ ㉠ ×, ㉡ ○, 불량내용 : 감지기 미작동
④ ㉠ ×, ㉡ ×, 불량내용 : 송풍기 미작동

해설

㉠ 감지기 동작시 댐퍼확인램프 : **점등**되므로 급기댐퍼 설치상태(화재감지기 동작에 따른 개방) 적정 여부(○)

```
┌───────┐
│  ✦    │
│  댐퍼  │
│  확인  │
└───────┘
```
‖감지기 동작시‖

㉡ 화재감지기 동작 및 수동 조작에 따라 송풍기 확인램프 : **소등**되므로 화재감지기 동작 및 수동조작에 따라 작동하는지 여부(×)

```
┌───────┐     ┌───────┐
│  ○    │     │  ○    │
│ 감지기 │     │ 송풍기 │
│       │     │ 확인  │
└───────┘     └───────┘
```
‖감지기 동작시‖ ‖댐퍼 수동기동스위치 기동시‖

• 불량내용 : **송풍기 미작동**(송풍기 확인램프가 **소등**되어 있음)

```
┌───────┐
│  ○    │
│ 송풍기 │
│ 확인  │
└───────┘
```

감지기 작동시 점등되는 것	급기댐퍼 수동기동장치 작동시 점등되는 것
① 감지기램프	① 댐퍼수동기동램프
② 댐퍼확인램프	② 댐퍼확인램프
③ 송풍기확인램프	③ 송풍기확인램프

정답 ①

★★★
49

유사문제
24년 문31
24년 문40
23년 문46
22년 문30
22년 문36
21년 문28
21년 문41
20년 문28
20년 문35
20년 문41

교재 2권
PP.50
-51

기출문제 2023

다음 감시제어반 및 동력제어반의 스위치 위치를 보고 정상위치(평상시 상태)가 아닌 것을 고르시오. (단, 설비는 정상상태이며 상기 조건을 제외하고 나머지 조건은 무시한다.)

▌동력제어반▌

▌감시제어반▌

① ㉠, ㉡ ② ㉡, ㉢
③ ㉣, ㉤ ④ ㉢, ㉤

 해설

㉢ 기동 위치에 있으므로 잘못, **정지** 위치에 있어야 함
㉤ 정지 위치에 있으므로 잘못, **자동** 위치에 있어야 함

▌감시제어반▌

평상시 상태	수동기동시 상태	점검시 상태
① 선택스위치 : **연동**	① 선택스위치 : **수동**	① 선택스위치 : **정지**
② 주펌프 : **정지**	② 주펌프 : **기동**	② 주펌프 : **정지**
③ 충압펌프 : **정지**	③ 충압펌프 : **기동**	③ 충압펌프 : **정지**

▌동력제어반▌

평상시 상태	수동기동시 상태	점검시 상태
① POWER : **점등**	① POWER : **점등**	① POWER : **점등**
② 선택스위치 : **자동**	② 선택스위치 : **수동**	② 선택스위치 : **정지**
③ 기동램프 : **소등**	③ 기동램프 : **점등**	③ 기동램프 : **소등**
④ 정지램프 : **점등**	④ 정지램프 : **소등**	④ 정지램프 : **점등**
⑤ 펌프기동램프 : **소등**	⑤ 펌프기동램프 : **점등**	⑤ 펌프기동램프 : **소등**

정답 ④

★★ 50 다음 응급처치요령 중 빈칸의 내용으로 옳은 것은?

☐ 가슴압박
  – 위치 : 환자의 가슴뼈(흉골)의 아래쪽 절반부위
  – 자세 : 양팔을 쭉 편 상태로 체중을 실어서 환자의 몸과 수직이 되도록 가슴을 압박하고, 압박된 가슴은 완전히 이완되도록 한다.
  – 속도 및 깊이 : 소아를 기준으로 속도는 (㉠)회/분, 깊이는 약(㉡)cm

☐ 자동심장충격기(AED) 사용
  – 자동심장충격기의 전원을 켜고 환자의 상체에 패드를 부착한다.
    • 부착위치 : (㉢) 아래, (㉣) 젖꼭지 아래의 중간겨드랑선
  – "분석 중..."이라는 음성 지시가 나오면, 심폐소생술을 멈추고 환자에게서 손을 뗀다. (이하 생략)

① ㉠ 80~100, ㉡ 5~6, ㉢ 왼쪽 빗장뼈, ㉣ 오른쪽
② ㉠ 100~120, ㉡ 4~5, ㉢ 오른쪽 빗장뼈, ㉣ 왼쪽
③ ㉠ 90~100, ㉡ 1~2, ㉢ 오른쪽 빗장뼈, ㉣ 왼쪽
④ ㉠ 100~120, ㉡ 4~5, ㉢ 왼쪽 빗장뼈, ㉣ 오른쪽

해설 (1) **성인의 가슴압박**
  ① 환자의 **어깨**를 두드린다.
  ② 쓰러진 환자의 얼굴과 가슴을 <u>10초 이내</u>로 관찰하여 호흡이 있는지를 확인한다.
     10초 이상 ✕
  ③ 구조자의 체중을 이용하여 압박
  ④ 인공호흡에 자신이 없으면 가슴압박만 시행

구 분	설 명
속 도	분당 100~120회 보기 ㉠
깊 이	약 5cm(소아 4~5cm) 보기 ㉡

┃가슴압박 위치┃

(2) **자동심장충격기(AED) 사용방법**

① 자동심장충격기를 심폐소생술에 방해가 되지 않는 위치에 놓은 뒤 전원버튼을 누른다.

② 환자의 상체를 노출시킨 다음 패드 포장을 열고 2개의 패드를 환자의 가슴에 붙인다.

③ 패드는 **왼쪽 젖꼭지 아래의 중간겨드랑선**에 설치하고 **오른쪽 빗장뼈**(쇄골) 바로 **아래**에 붙인다. 보기 ⓒ, ⓔ

‖ 패드의 부착위치 ‖

패드 1	패드 2
오른쪽 빗장뼈(쇄골) 바로 아래	왼쪽 젖꼭지 아래의 중간겨드랑선

‖ 패드 위치 ‖

④ 심장충격이 필요한 환자인 경우에만 제세동버튼이 깜박이기 시작하며, 깜박일 때 심장충격버튼을 눌러 심장충격을 시행한다.

⑤ 심장충격버튼을 <u>누르기 전</u>에는 반드시 주변사람 및 구조자가 환자에게서 떨
　　　　　　　누른 후에는 ×
어져 있는지 다시 한 번 확인한 후에 실시하도록 한다.

⑥ 심장충격이 필요 없거나 심장충격을 실시한 이후에는 즉시 **심폐소생술**을 다시 시작한다.

⑦ **2분**마다 심장리듬을 분석한 후 반복 시행한다.

정답 ②

2022년 기출문제

제 ❶ 과목

01 소방기본법 용어 정의 중 소방대상물이 아닌 것은?

교재 1권
PP.22
-23

① 운항 중인 선박   ② 산림
③ 차량   ④ 인공구조물

해설

> ① 운항 중인 → 항구에 매어둔

소방대상물
(1) **건**축물
(2) **차**량 보기 ③
(3) **선**박(항구에 **매어둔 선박**) 보기 ①
(4) 선박건조구조물
(5) **산**림 보기 ②
(6) **인**공구조물 보기 ④
(7) **물**건

소방대상물 X

┃운항 중인 선박┃

공하성 기억법   **건차선 산인물**

정답 ①

02 다음 중 화재가 발생할 우려가 높거나 화재가 발생하는 경우 그로 인하여 피해가 클 것으로 예상되는 지역이 아닌 것은?

유사문제
21년 문04

교재 1권
P.38

도
제

문제부터
보세요.
이 팍!팍!
갑니다.

① 시장지역
② 공장·창고가 밀집한 지역
③ 위험물의 저장 및 처리시설이 밀집한 지역
④ 석유화학제품을 보관하는 공장이 있는 지역

해설

> ④ 보관하는 → 생산하는

화재예방강화지구의 지정지역

(1) **시장**지역 보기 ①

(2) **공장 · 창고** 등이 밀집한 지역 보기 ②

(3) **목조건물**이 밀집한 지역

(4) **노후 · 불량건축물**이 **밀집**한 지역

(5) **위험물**의 **저장** 및 **처리시설**이 **밀집**한 지역 보기 ③

(6) **석유화학제품**을 <u>생산</u>하는 공장이 있는 지역 보기 ④

(7) **소방시설 · 소방용수시설** 또는 **소방출동로**가 **없는** 지역

(8) 산업입지 및 개발에 관한 법률에 따른 **산업단지**

(9) 물류시설의 개발 및 운영에 대한 법률에 따른 물류단지

(10) **소방청장, 소방본부장** 또는 **소방서장**이 화재예방강화지구로 지정할 필요가 있다고 인정하는 지역

> **비교**   **화재로 오인할 만한 불을 피우거나 연막소독시 신고지역**   교재1권 P.25
> 1. **시장**지역
> 2. **공장 · 창고**가 밀집한 지역
> 3. **목조건물**이 밀집한 지역
> 4. **위험물**의 **저장** 및 **처리시설**이 **밀집**한 지역
> 5. **석유화학제품**을 생산하는 공장이 있는 지역
> 6. 그 밖에 **시 · 도**의 **조례**로 정하는 지역 또는 장소

정답 ④

기출문제
2022

★★ 03 건축허가 등의 동의절차에 관한 사항으로 적절하지 않은 것은?

 유사문제 20년 문18

 교재 1권 P.55

① 동의요구자는 건축허가 등의 권한이 있는 행정기관이다.

② 5일(특급대상은 10일) 이내 동의 여부 회신

③ 보완이 필요시 7일 이내 기간을 정하여 보완요구 가능

④ 허가청에서 허가 등의 취소시 7일 이내 취소통보

> **해설**
> ③ 7일 → 4일

건축허가 등의 동의기간 등

구 분	내 용
동의요구 서류보완 ➡	**4일** 이내 보기 ③
건축허가 등의 취소통보	**7일** 이내 보기 ④
건축허가 및 사용승인 동의회신 통보	**5일**(특급 소방안전관리대상물은 **10일**) 이내 보기 ②
동의시기	건축허가 등을 **하기 전**
동의요구자	건축허가 등의 권한이 있는 행정기관 보기 ①

정답 ③

★★★ 04 객석통로의 직선부분의 길이가 24m일 때, 객석유도등의 최소 설치개수는?

유사문제
20년 문06

① 3개 ② 4개
③ 5개 ④ 6개

교재 2권
P.153

해설 **객석유도등 산정식**

객석유도등 설치개수 $= \dfrac{\text{객석통로의 직선부분의 길이(m)}}{4} - 1$ (소수점 올림)

$\therefore \dfrac{24}{4} - 1 = 5$개

공하성 기억법 객4

정답 ③

★★★ 05 다음 위험물의 지정수량 중 잘못된 것은?

교재 1권
P.102

① 휘발유 — 200L
② 유황 — 100kg
③ 알코올류 — 400L
④ 중유 — 1000L

해설

④ 1000L → 2000L

위험물의 지정수량

위험물	지정수량
유 황	100kg 보기 ②
휘발유	200L 보기 ① **공하성 기억법** 휘2
질 산	300kg
알코올류	400L 보기 ③
등유·경유	1000L
중 유	2000L 보기 ④ **공하성 기억법** 중2(간부 중위)

정답 ④

★★★
06 다음 중 무창층에 대한 설명으로 옳지 않은 것은?

유사문제
20년 문12

교재 1권
PP.53
-54

① 크기는 지름 50cm 이상의 원이 통과할 수 있을 것
② 해당층의 바닥면으로부터 개구부 밑부분까지의 높이가 1.0m 이내일 것
③ 도로 또는 차량이 진입할 수 있는 빈터를 향할 것
④ 내부 또는 외부에서 쉽게 부수거나 열 수 있을 것

해설

> ② 1.0m → 1.2m

무창층
지상층 중 다음에 해당하는 개구부면적의 합계가 그 층의 바닥면적의 $\frac{1}{30}$ 이하가 되는 층

(1) 크기는 지름 **50cm** 이상의 원이 통과할 수 있을 것 보기 ①
(2) 해당층의 바닥면으로부터 개구부 밑부분까지의 높이가 **1.2m** 이내일 것 보기 ②
(3) **도로** 또는 **차량**이 진입할 수 있는 **빈터**를 향할 것 보기 ③
(4) 화재시 건축물로부터 쉽게 **피난**할 수 있도록 개구부에 **창살**이나 그 밖의 장애물이 설치되지 않을 것
(5) 내부 또는 외부에서 **쉽게 부수거나 열** 수 있을 것 보기 ④

정답 ②

★★
07 소방시설 등의 점검결과를 보고하지 아니하거나 거짓으로 한 관계인의 과태료 부과기준으로 옳은 것은?

교재 1권
P.70

① 지연보고기간이 10일 미만인 경우 : 30만원
② 지연보고기간이 10일 이상 1개월 미만인 경우 : 50만원
③ 지연보고기간이 1개월 이상 또는 보고하지 않은 경우 : 100만원
④ 점검결과를 축소·삭제하는 등 거짓으로 보고한 경우 : 300만원

해설

> ① 30만원 → 50만원
> ② 50만원 → 100만원
> ③ 100만원 → 200만원

소방시설 등의 점검결과를 보고하지 아니하거나 거짓으로 한 관계인의 과태료 부과기준
┃지연보고기간┃

10일 미만	10일~1개월 미만	1개월 이상, 미보고	점검결과 축소·삭제 등 거짓신고
50만원 과태료 보기 ①	100만원 과태료 보기 ②	200만원 과태료 보기 ③	300만원 과태료 보기 ④

정답 ④

08 소방대장이 소방활동구역 출입을 제한할 수 있는 자는?

교재 1권 P.28

① 의사, 간호사, 구조·구급업무에 종사하는 자
② 취재인력 등 보도업무에 종사하는 자
③ 수사업무에 종사하는 자
④ 보험업무에 종사하는 자

해설

④ 해당 없음

소방활동구역 출입자
(1) 소방활동구역 **안**에 있는 소방대상물의 **소유자·관리자** 또는 **점유자**
(2) **전기·가스·수도·통신·교통**의 업무에 종사하는 자로서 원활한 **소방활동**을 위하여 필요한 자
(3) **의사·간호사**, 그 밖의 구조·구급업무에 종사하는 자 보기 ①
(4) **취재인력** 등 보도업무에 종사하는 자 보기 ②
(5) **수사업무**에 종사하는 자 보기 ③
(6) **소방대장**이 소방활동을 위하여 **출입**을 **허가**한 자

정답 ④

09 다음 중 한국소방안전원에 대한 설명으로 틀린 것은?

교재 1권 P.31

① 소방기술과 안전관리기술의 향상 및 홍보
② 교육·훈련 등 행정기관이 위탁하는 업무의 수행
③ 소방안전관리자·소방기술자 또는 위험물안전관리자로 선임된 사람은 회원이 될 수 있다.
④ 인사권자는 행정안전부장관이다.

해설

④ 행정안전부장관 → 소방청장

(1) **한국소방안전원의 설립목적**
　① 소방기술과 안전관리기술의 향상 및 홍보 보기 ①
　② 교육·훈련 등 행정기관이 위탁하는 업무의 수행 보기 ②
　③ 소방 관계종사자의 기술 향상
(2) **한국소방안전원의 업무**
　① 소방기술과 안전관리에 관한 **교육** 및 **조사·연구**
　② 소방기술과 안전관리에 관한 각종 **간행물 발간**
　③ 화재예방과 안전관리 의식 고취를 위한 **대국민 홍보**
　④ 소방업무에 관하여 **행정기관**이 **위탁**하는 업무
　⑤ 소방안전에 관한 국제협력
　⑥ **회원**에 대한 **기술지원** 등 정관으로 정하는 사항

(3) **한국소방안전원의 회원자격** 보기 ③
① **소**방안전관리자
② **소**방기술자
③ **위**험물안전관리자

> 공하성 기억법 소위(소위 계급)

정답 ④

★★★
10 다음 중 벌금이 가장 높은 것은?

유사문제
24년 문15
22년 문11
21년 문05
20년 문20

① 소방용수시설 또는 비상소화장치의 정당한 사용을 방해한 자
② 소방안전관리자에게 불이익한 처우를 한 관계인
③ 화재안전조사를 정당한 사유 없이 거부·방해 또는 기피한 자
④ 피난명령을 위반한 자

교재 1권
P.32,
P.51

해설

> ① 5년 이하의 징역 또는 5000만원 이하의 벌금 교재1권 P.32
> ② 300만원 이하의 벌금 교재1권 P.51
> ③ 300만원 이하의 벌금 교재1권 P.51
> ④ 100만원 이하의 벌금 교재1권 P.32

(1) **5년 이하의 징역 또는 5000만원 이하의 벌금**
① 위력을 사용하여 출동한 소방대의 화재진압·인명구조 또는 구급활동을 **방해**하는 행위
② 소방대가 화재진압·인명구조 또는 구급활동을 위하여 현장에 출동하거나 현장에 출입하는 것을 고의로 **방해**하는 행위
③ 출동한 소방대원에게 폭행 또는 협박을 행사하여 화재진압·인명구조 또는 구급활동을 **방해**하는 행위
④ 출동한 소방대의 소방장비를 파손하거나 그 효용을 해하여 화재진압·인명구조 또는 구급활동을 **방해**하는 행위
⑤ 소방자동차의 **출동**을 **방해**한 사람
⑥ 사람을 **구출**하는 일 또는 불을 끄거나 불이 번지지 아니하도록 하는 일을 **방해**한 사람 문제 11
⑦ 정당한 사유 없이 소방용수시설 또는 비상소화장치를 사용하거나 소방용수시설 또는 비상소화장치의 효용을 해하거나 그 정당한 사용을 **방해**한 사람 보기 ① 문제 11
⑧ 소방시설의 폐쇄·**차**단

> 공하성 기억법 5방5000, 5차(오차범위)

(2) **3년 이하의 징역 또는 3000만원 이하의 벌금**
① 소방대상물 또는 토지의 강제처분 방해
② 정당한 사유 없이 **화재안전조사** 결과에 따른 **조치명령**을 위반한 자
③ **화재예방안전진단** 결과에 따른 보수·보강 등의 조치명령을 정당한 사유 없이 위반한 자
④ 소방시설이 **화재안전기준**에 따라 설치·관리되고 있지 아니할 때 관계인에게 필요한 조치명령을 정당한 사유 없이 위반한 자
⑤ **피난시설, 방화구획** 및 **방화시설**의 관리를 위하여 필요한 조치명령을 정당한 사유 없이 위반한 자
⑥ 소방시설 **자체점검** 결과에 따른 **이행계획**을 완료하지 않아 필요한 조치의 이행명령을 하였으나 명령을 정당한 사유 없이 위반한 자

(3) **1년 이하의 징역 또는 1000만원 이하의 벌금**
① 소방시설의 **자체점검** 미실시자
② 소방안전관리자 자격증 대여
③ **화재예방안전진단**을 받지 아니한 자

(4) **300만원 이하의 벌금**
① **화재안전조사**를 정당한 사유 없이 **거부·방해·기피**한 자 보기 ③
② 화재예방조치 조치명령을 정당한 사유 없이 따르지 아니하거나 방해한 자
③ **소방안전관리자, 총괄소방안전관리자, 소방안전관리보조자**를 **선임**하지 아니한 자
④ **소방시설·피난시설·방화시설** 및 **방화구획** 등이 법령에 위반된 것을 발견하였음에도 필요한 조치를 할 것을 요구하지 아니한 소방안전관리자
⑤ **소방안전관리자**에게 **불이익**한 처우를 한 관계인 보기 ② 문제 11
⑥ 자체점검결과 소화펌프 고장 등 중대위반사항이 발견된 경우 필요한 조치를 하지 않은 관계인 또는 관계인에게 중대위반사항을 알리지 아니한 관리업자 등

(5) **100만원 이하의 벌금**
① 정당한 사유 없이 소방대가 현장에 도착할 때까지 사람을 **구**출하는 조치 또는 불을 끄거나 불이 번지지 않도록 하는 조치를 하지 아니한 소방대상물 관계인
② **피**난명령을 위반한 사람 보기 ④
③ 정당한 사유 없이 **물**의 사용이나 **수도**의 **개폐장치**의 사용 또는 **조**작을 하지 못하게 하거나 방해한 자
④ 정당한 사유 없이 **소방대**의 **생활안전활동**을 방해한 자
⑤ 긴급조치를 정당한 사유 없이 방해한 자

공하성 기억법 구피조1

정답 ①

★★★
11 다음 중 벌칙이 다른 것은?

유사문제
22년 문10
21년 문05
20년 문20

① 사람을 구출하는 일을 방해한 자
② 소방용수시설의 효용을 해치거나 방해한 자
③ 불을 끄거나 불이 번지지 아니하도록 하는 일을 방해한 자
④ 소방안전관리자에게 불이익한 처우를 한 관계인

교재 1권
P.32,
P.51

해설

> ①·②·③ 5년 이하의 징역 또는 5천만원 이하의 벌금
> ④ 300만원 이하의 벌금

문제 10 참조

정답 ④

[12-13] 다음 보기를 보고 물음에 답하시오.

- 지상 26층, 지하 3층
- 연면적 40000m²

★★★
12 어떤 소방안전관리대상물인가?

유사문제
24년 문06
20년 문13
20년 문14
20년 문24

① 특급 소방안전관리대상물
② 1급 소방안전관리대상물
③ 2급 소방안전관리대상물
④ 3급 소방안전관리대상물

교재 1권
PP.11
-13

해설

> ② 연면적 40000m²로서 연면적 15000m² 이상이므로 1급 소방안전관리대상물

소방안전관리자를 선임하는 특정소방대상물

소방안전관리대상물	특정소방대상물
특급 소방안전관리대상물 (동식물원, 철강 등 불연성 물품 저장·취급창고, 지하구, 위험물제조소 등 제외)	• **50층** 이상(지하층 제외) 또는 지상 **200m** 이상 **아파트** • **30층** 이상(지하층 포함) 또는 지상 **120m** 이상(아파트 제외) • 연면적 **100000m²** 이상(아파트 제외)
1급 소방안전관리대상물 (동식물원, 철강 등 불연성 물품 저장·취급창고, 지하구, 위험물제조소 등 제외)	• **30층** 이상(지하층 제외) 또는 지상 **120m** 이상 **아파트** • 연면적 **15000m² 이상**인 것(아파트 및 연립주택 제외) 보기 ② • <u>11층</u> 이상(아파트 제외) • 가연성 가스를 **1000톤** 이상 저장·취급하는 시설

소방안전관리대상물	특정소방대상물
2급 소방안전관리대상물	• 지하구 • 가스제조설비를 갖추고 도시가스사업 허가를 받아야 하는 시설 또는 가연성 가스를 **100톤 이상 1000톤 미만** 저장·취급하는 시설 • **옥내소화전설비, 스프링클러설비** 설치대상물 • **물분무등소화설비**(호스릴방식 제외) 설치대상물 • 공동주택(옥내소화전설비 또는 스프링클러설비가 설치된 공동주택에 한함) • 목조건축물(국보·보물)
3급 소방안전관리대상물	• **자동화재탐지설비** 설치대상물 • **간이스프링클러설비**(주택전용 제외) 설치대상물

정답 ②

★★★
13 소방안전관리보조자는 몇 명이 필요한가?

유사문제
24년 문06
21년 문02
20년 문24

교재 1권
PP.13
-14

① 1명 ② 2명
③ 3명 ④ 4명

해설 **최소 선임기준**

소방안전관리자	소방안전관리보조자
• 특정소방대상물마다 1명	• **300세대 이상 아파트** : 1명(단, 300세대 초과마다 **1명 이상 추가**) • **연면적 15000m² 이상** : 1명(단, 15000m² 초과마다 **1명 이상 추가**) • **공동주택**(기숙사), **의료시설, 노유자시설, 수련시설** 및 **숙박시설**(바닥면적 합계 1500m² 미만이고, 관계인이 24시간 상시 근무하고 있는 숙박시설 제외) : 1명

$$소방안전관리보조자 = \frac{40000m^2}{15000m^2} = 2.67(소수점\ 버림) = 2명$$

정답 ②

★★★
14 어떤 특정소방대상물에 소방안전관리자를 선임 중 2021년 4월 15일 소방안전관리자를 해임하였다. 해임한 날부터 며칠 이내에 선임하여야 하고 소방안전관리자를 선임한 날부터 며칠 이내에 관할소방서장에게 신고하여야 하는지 옳은 것은?

유사문제
20년 문16

교재 1권
PP.39
-40

① 선임일 : 2021년 4월 30일, 선임신고일 : 2021년 5월 14일
② 선임일 : 2021년 5월 10일, 선임신고일 : 2021년 5월 25일
③ 선임일 : 2021년 5월 15일, 선임신고일 : 2021년 5월 30일
④ 선임일 : 2021년 5월 20일, 선임신고일 : 2021년 5월 30일

해설

① 선임일은 5월 15일 이내이면 되므로 4월 30일은 가능하고, 선임신고일은 5월 14일 이내이면 되므로 5월 14일은 가능하여 정답

② 선임일은 5월 15일 이내이면 되므로 5월 10일은 가능하고, 선임신고일은 5월 24일 이내이어야 하므로 5월 25일은 불가능이라서 정답 아님

③ 선임일은 5월 15일 이내이면 되므로 5월 15일은 가능하고, 선임신고일은 2021년 5월 29일 이내이어야 하므로 5월 30일은 불가능이라서 정답 아님

④ 선임일은 5월 15일 이내이어야 하므로 5월 20일은 불가능이라서 정답 아님

(1) 해임한 날이 2021년 4월 15일이고 해임한 날(다음 날)부터 30일 이내에 소방안전관리자를 선임하여야 한다. 선임신고일은 선임한 날(다음 날)부터 14일 이내에 해야 한다.

● '해임한 날부터', '선임한 날부터'라는 말은 '해임한 날 다음 날부터', '선임한 날 다음 날부터' 세는 것을 의미한다.

(2) 소방안전관리자의 선임신고

선 임	선임신고	신고대상
30일 이내	14일 이내	관할소방서장

정답 ①

★★ 15 다음 중 관련 금지행위가 다른 것은?

교재 1권 P.167

① 피난시설, 방화구획 및 방화시설을 폐쇄하거나 훼손하는 등의 행위

② 피난시설, 방화구획 및 방화시설의 주위에 물건을 쌓아두거나 장애물을 설치하는 행위

③ 피난시설, 방화구획 및 방화시설의 용도에 장애를 주거나 「소방기본법 시행령」에 따른 소방활동에 지장을 주는 행위

④ 그 밖에 피난시설, 방화구획 및 방화시설을 변경하는 행위

해설

③ 소방기본법 시행령 → 소방기본법

피난시설, 방화구획 및 방화시설에 대한 금지 행위

(1) 피난시설, 방화구획 및 방화시설을 **폐쇄**하거나 **훼손**하는 등의 행위

(2) 피난시설, 방화구획 및 방화시설의 주위에 **물건**을 **쌓아두거나 장애물**을 설치하는 행위

(3) 피난시설, 방화구획 및 방화시설의 용도에 장애를 주거나 「소방기본법」에 따른 **소방활동**에 지장을 주는 행위

(4) 그 밖에 피난시설, 방화구획 및 방화시설을 변경하는 행위

정답 ③

★★★
16 방염에 관한 다음 ( ) 안에 적당한 말을 고른 것은?

유사문제
24년 문17
21년 문22

교재 1권
PP.58
-60

방염성능기준 이상의 실내장식물 등을 설치하여야 할 장소는 (㉠)이며, 방염대상물품은 (㉡)에 설치하는 스크린이다.

① ㉠ : 운동시설, ㉡ : 가상체험 체육시설업
② ㉠ : 노유자시설, ㉡ : 야구연습장
③ ㉠ : 아파트, ㉡ : 농구연습장
④ ㉠ : 방송국, ㉡ : 탁구연습장

해설 **방염기준**
(1) 방염성능기준 이상의 실내장식물 등을 설치하여야 할 장소
　① 조산원, 산후조리원, 공연장, 종교집회장
　② **11층** 이상의 층(**아파트** 제외)
　③ **체**력단련장
　④ 문화 및 집회시설(옥내에 있는 시설)
　⑤ 운동시설(**수영장** 제외) 보기 ①
　⑥ **숙**박시설 · **노**유자시설
　⑦ 의료시설(요양병원 등), 의원
　⑧ 수련시설(**숙**박시설이 있는 것)
　⑨ **방**송국 · 촬영소
　⑩ 종교시설
　⑪ 합숙소
　⑫ 다중이용업소(단란주점영업, 유흥주점영업, 노래연습장의 영업장 등)

종합성 기억법 **방숙체노**

(2) 방염대상물품 : **제조** 또는 **가공공정**에서 방염처리를 한 물품
　① 창문에 설치하는 **커튼류**(블라인드 포함)
　② 카펫
　③ 두께 **2mm 미만**인 **벽지류**(종이벽지 제외)
　④ **전시용 합판 · 섬유판**
　⑤ **무대용 합판 · 섬유판**
　⑥ **암막 · 무대막**(영화상영관 · **가상체험 체육시설업**의 **스크린** 포함) 보기 ①
　⑦ 섬유류 또는 합성수지류 등을 원료로 하여 제작된 **소파 · 의자**(단란주점 · 유흥주점 · 노래연습장에 한함)

정답 ①

17 어떤 특정소방대상물에 2021년 3월 15일 소방안전관리자로 선임되었다. 실무교육은 언제까지 받아야 하는가?

유사문제
24년 문08
20년 문25

교재 1권
PP.46
-47

① 2021년 9월 15일
② 2021년 9월 30일
③ 2021년 10월 15일
④ 2021년 10월 30일

 소방안전관리자의 실무교육

실시기관	실무교육주기
한국소방안전원	선임한 날부터 **6개월 이내**, 그 이후 **2년**마다 **1회**

2021년 3월 15일 선임되었으므로, 선임한 날(다음 날)부터 6개월 이내인 <u>2021년 9월 15일</u>이 된다.

● **'선임한 날부터'**라는 말은 **'선임한 날 다음 날'**부터 세는 것을 의미한다.

비교 **실무교육**

소방안전 관련업무 종사경력보조자	소방안전관리자 및 소방안전관리보조자
선임된 날로부터 **3개월 이내**, 그 이후 2년마다 1회 실무교육을 받아야 한다.	선임된 날로부터 **6개월 이내**, 그 이후 **2년**마다 **1회** 실무교육을 받아야 한다.

정답 ①

18 다음은 건축에 관한 용어 설명이다. ( ) 안에 알맞은 것은?

유사문제
24년 문24

교재 1권
PP.126
-132

● (㉠) : 기존 건축물의 전부 또는 일부를 철거하고 그 대지 안에 종전과 동일한 규모의 범위 안에서 건축물을 다시 축조하는 것
● (㉡) : 건축물이 천재지변이나 기타 재해에 의하여 멸실된 경우에 그 대지 안에 종전과 동일한 규모의 범위 안에서 다시 축조하는 것

① ㉠ 개축, ㉡ 재축
② ㉠ 증축, ㉡ 개축
③ ㉠ 재축, ㉡ 증축
④ ㉠ 이전, ㉡ 재축

 건축 용어

용어	설명
신축	건축물이 없는 대지(기존 건축물이 철거 또는 멸실된 대지를 포함)에 **새로이** 건축물을 축조하는 것(부속 건축물만 있는 대지에 새로이 주된 건축물을 축조하는 것을 포함하되, 개축 또는 재축에 해당하는 경우를 제외).

용 어	설 명
증 축	① 기존 건축물이 있는 대지 안에서 건축물의 건축면적·연면적·층수 또는 높이를 증가시키는 것 ② 기존 건축물이 있는 대지에 건축하는 것은 기존 건축물에 붙여서 건축하거나 별동으로 건축하거나 관계없이 증축에 해당
개 축 보기 ㉠	기존 건축물의 **전부** 또는 **일부**(내력벽·기둥·보·지붕틀 중 3개 이상이 포함되는 경우를 말함)를 **철거**하고 그 대지 안에 종전과 동일한 규모의 범위 안에서 건축물을 **다시 축조**하는 것
재 축 보기 ㉡	건축물이 **천재지변**, 기타 **재해**에 의하여 멸실된 경우에 그 대지 안에 종전과 동일한 규모의 범위 안에서 **다시 축조**하는 것
이 전	건축물의 주요구조부를 해체하지 않고 동일한 대지 안의 다른 위치로 **옮기는 것**을 말한다.

정답 ①

★★
19 다음 방화구획의 설치기준으로 틀린 것은?

유사문제
23년 문03
21년 문23

교재 1권
P.161

① 10층 이하의 층은 바닥면적 1000m² 이내마다 구획
② 11층 이상의 층은 바닥면적 300m² 이내마다 구획
③ 11층 이상은 층 내 내장재가 불연재인 경우 500m² 이내마다 구획
④ 스프링클러설비가 설치된 경우 상기 면적의 3배 이내마다 구획

해설

> ② 300m² → 200m²

방화구획의 기준

대상건축물	대상규모	층 및 구획방법		구획부분의 구조
주요구조부가 내화구조 또는 불연재료로 된 건축물	연면적 1000m² 넘는 것	10층 이하	• 바닥면적 **1000m²** 이내마다(스프링클러×3배=3000m²) 보기 ①	• 내화구조로 된 바닥·벽 • 방화문 • 자동방화셔터
		매 층마다	• 지하 1층에서 지상으로 직접 연결하는 경사로 부위는 제외	
		11층 이상	• 바닥면적 200m² (스프링클러×3배=600m²) 이내마다(내장재가 불연재인 경우 **500m²** 이내마다)(스프링클러×3배=1500m²) 보기 ② ③	

• **스프링클러설비**, 기타 이와 유사한 **자동식 소화설비**를 설치한 경우 바닥면적은 **위의 면적의 3배로** 산정 보기 ④
• **아파트**로서 **4층** 이상에 **대피공간** 설치시 **다른 부분**과 **방화구획**

정답 ②

★★
20 다음 방화구획의 구조가 아닌 것은?

① 60분+방화문 또는 60분 방화문은 언제나 닫힌상태를 유지하거나 화재로 인한 연기 또는 불꽃을 감지하여 자동적으로 닫히는 구조로 할 것

② 외벽과 바닥 사이에 틈이 생긴 때나 급수관·배전관 그 밖의 관이 방화구획으로 되어 있는 부분을 관통하는 경우 그로 인하여 방화구획에 틈이 생긴 때에 그 틈을 내화시간 이상 견딜 수 있는 내열채움성능이 인정된 구조로 메울 것

③ 연기 또는 불꽃을 감지하여 자동으로 닫히는 구조로 할 수 없는 경우에는 온도를 감지하여 자동적으로 닫히는 구조로 할 수 있다.

④ 환기·난방 또는 냉방시설의 풍도가 방화구획을 관통하는 경우에는 그 관통부분 또는 이에 근접한 부분에 적합한 댐퍼를 설치할 것

> **해설**
>
> ② 내열채움성능 → 내화채움성능

방화구획의 구조
(1) **60분+방화문** 또는 **60분 방화문**은 언제나 **닫힌상태를 유지**하거나 화재로 인한 연기 또는 불꽃을 감지하여 자동적으로 닫히는 구조로 할 것 보기 ①
(2) 외벽과 바닥 사이에 틈이 생긴 때나 **급수관·배전관** 그 밖의 관이 방화구획으로 되어 있는 부분을 관통하는 경우 그로 인하여 방화구획에 틈이 생긴 때에 그 틈을 내화시간 이상 견딜 수 있는 **내화채움성능**이 인정된 구조로 메울 것 보기 ②
(3) **연기** 또는 **불꽃**을 감지하여 자동으로 닫히는 구조로 할 수 없는 경우에는 온도를 감지하여 자동적으로 닫히는 구조로 할 수 있다. 보기 ③
(4) 환기·난방 또는 냉방시설의 풍도가 방화구획을 관통하는 경우에는 그 관통부분 또는 이에 근접한 부분에 적합한 **댐퍼**를 설치할 것 보기 ④

정답 ②

★★★
21 다음 중 가연성 물질의 구비조건으로 옳은 것은?

① 산소와 친화력이 작다.   ② 열전도율이 작다.
③ 연소열이 작다.   ④ 건조도가 낮다.

해설 **가연성 물질의 구비조건**
(1) 산소와의 친화력이 크다. 보기 ①
(2) 활성화에너지가 작다.
(3) 열전도율이 작다. 보기 ②
(4) 연소열이 크다. 보기 ③
(5) 비표면적이 크다.
(6) 건조도가 높다. 보기 ④

정답 ②

★★★
22 다음 중 가연성 증기의 연소범위로 옳은 것은?

유사문제
21년 문19

① 수소 : 2.5~81vol% ② 메틸알코올 : 6~36vol%
③ 아세틸렌 : 4.1~75vol% ④ 아세톤 : 1.2~7.6vol%

교재 1권
P.176

해설 **가연성 증기의 연소범위**

가 스	하한계(vol%)	상한계(vol%)
아세틸렌 보기 ③	2.5	81
수 소 보기 ①	4.1	75
메틸알코올 보기 ② ➡	6	36
아세톤 보기 ④	2.5	12.8
암모니아	15	28
휘발유	1.2	7.6
등 유	0.7	5
중 유	1	5

공하성 기억법	
아	2581
수	475
메	636
아	25128
암	1528
휘	1276
등	075
중	15

정답 ②

★★★
23 다음 고체의 연소에 대한 설명으로 틀린 것은?

유사문제
23년 문06

① 고체연소 중 분해연소는 가장 일반적인 연소형태로 목재, 종이, 석탄 등이 있다.
② 고체파라핀(양초)은 증발연소이다.
③ 숯, 코크스는 표면연소이다.
④ 황은 자기연소를 한다.

교재 1권
PP.176
-177

해설 ④ 자기연소 → 증발연소

연소형태의 종류

구 분	종 류
표면연소 보기 ③	• **숯** • **코**크스 • **목**재의 말기연소 • **금**속(**마**그네슘 등) 공하성 기억법 표숯코목금마

구 분	종 류
분해연소 보기 ①	• 석탄 • **종**이 • **목재** 공화성 기억법　분종목재
증발연소	• 황　보기 ④ • 고체파라핀(양초)　보기 ② • 열가소성 수지(열에 의해 녹는 플라스틱)
자기연소	• 자기반응성 물질(제5류 위험물) • 폭발성 물질

☑ 중요 ─ **연소형태의 정의**

구 분	설 명
표면연소	화염 없이 연소하는 형태
분해연소	가연성 고체가 열분해하면서 가연성 증기가 발생하여 연소하는 현상
증발연소	고체가 열에 의해 융해되면서 액체가 되고 이 액체의 증발에 의해 가연성 증기가 발생하는 경우의 연소
자기연소	분자 내에 산소를 함유하고 있어서 열분해에 의해 가연성 증기와 산소를 동시에 발생시키는 물질의 연소

정답 ④

★★★
24 화재의 분류 및 종류에 대한 설명으로 틀린 것은?

① 일반화재(A급)는 석탄, 목재 등이 있다.
② 유류화재(B급)는 포로 소화한다.
③ 전기화재(C급)는 주수소화 금지이다.
④ 마그네슘은 분말보다는 괴상으로 존재할 때 가연성이 현저히 증가한다.

해설

④ 분말보다는 괴상으로 → 괴상보다는 분말상으로

화재의 종류

종 류	적응물질	소화약제
일반화재(A급)	• 보통가연물(폴리에틸렌 등) • 종이 • 목재, 면화류, 석탄　보기 ① • 재를 남김	① 물 ② 수용액

종 류	적응물질	소화약제
유류화재(B급)	• 유류 • 알코올 • **재를 남기지 않음**	① 포(폼) 보기 ②
전기화재(C급)	• 변압기 • 배전반	① 이산화탄소 ② 분말소화약제 ③ 주수소화 금지 보기 ③
금속화재(D급)	• 가연성 금속류(나트륨 등) • **마그네슘**(분말상 존재시 가연성 증가) 보기 ④	① 금속화재용 분말소화약제 ② 건조사(마른 모래)
주방화재(K급)	• 식용유 • 동·식물성 유지	① 강화액

정답 ④

25 건축물의 종류에 따른 화재양상 중 틀린 것은?

교재 1권
PP.184
-185

① 목조건축물화재가 내화조건축물화재보다 발연량이 많다.
② 목조건축물화재의 최성기 온도는 1100~1350℃에 달한다.
③ 내화조건축물화재가 목조건축물의 화재와 다른 점은 천장, 바닥, 벽이 내화구조로 되어 있으므로 이들의 주요 부분은 연소해서 붕괴되지 않기 때문에 공기의 유통조건이 거의 일정한 상태를 유지한다.
④ 내화조건축물화재의 최성기 최고온도는 실내의 가연물량, 창 등의 개구부 크기 및 그 열적 성질에 의해 정해진다.

해설

> ① 많다. → 적다.

목조건축물화재 vs 내화조건축물화재

구 분	목조건축물화재	내화조건축물화재
화재지속시간	30분	2~3시간
온 도	1100~1350℃ 보기 ②	800~1050℃
발연량	적다.	많다. 보기 ①
특징	–	• 연소해서 붕괴되지 않기 때문에 공기의 **유통조건**이 거의 **일정**한 상태 유지 보기 ③ • 실내의 **가연물량**, 창 등의 **개구부 크기** 및 열적 성질에 의해 최성기 최고온도가 정해짐 보기 ④

정답 ①

제**2**과목

26 소방계획의 절차에 대한 설명 중 틀린 것은?

교재 2권
P.186

① 사전기획 : 소방계획 수립을 위한 임시조직을 구성하거나 위원회 등을 개최하여 의견수렴

② 위험환경분석 : 위험요인 식별하고 이에 대한 분석 및 평가 실시 후 대책 수립

③ 설계 및 개발 : 환경을 바탕으로 소방계획 수립의 목표와 전략을 수립하고 세부 실행계획 수립

④ 시행 및 유지·관리 : 구체적인 소방계획을 수립하고 소방서장의 최종 승인을 받은 후 소방계획을 이행하고 지속적인 개선 실시

> 해설
>
> ④ 소방서장의 → 이해관계자의 검토를 거쳐

소방계획의 수립절차

수립절차	내 용
사전기획 보기 ①	소방계획 수립을 위한 **임시조직**을 구성하거나 위원회 등을 개최하여 법적 요구사항은 물론 **이해관계자**의 의견을 수렴하고 세부 작성계획 수립
위험환경분석 보기 ②	대상물 내 물리적 및 인적 위험요인 등에 대한 **위험요인**을 식별하고, 이에 대한 분석 및 평가를 정성적·정량적으로 실시한 후 이에 대한 대책 수립
설계 및 개발 보기 ③	대상물의 **환경** 등을 바탕으로 소방계획 수립의 목표와 전략을 수립하고 세부 실행계획 수립
시행 및 유지·관리 보기 ④	**구체적인** 소방계획을 수립하고 **이해관계자**의 **검토**를 거쳐 최종 승인을 받은 후 소방계획을 이행하고 지속적인 개선 실시

정답 ④

★★★

27

유사문제
24년 문27
23년 문30
23년 문48
21년 문26
21년 문42
20년 문27

실무교재
P.96

〈그림 1〉은 건물 내 화재시 감지기 동작확인등이 점등된 모습을 나타낸 것이다. 〈그림 2〉의 감시제어반에서 점등되어야 할 표시등을 있는 대로 고른 것은? (단, 제시된 조건을 제외한 나머지 조건은 무시한다.)

┃그림 1┃   ┃그림 2┃

① ㉠, ㉡
② ㉢, ㉣
③ ㉠, ㉢, ㉣
④ ㉠, ㉡, ㉢, ㉣

㉡ 댐퍼수동 확인램프 : 수동조작함에서 기동스위치를 눌렀을 때 점등

〈그림 1〉은 감지기가 작동되어 동작확인등이 점등된 것으로 감지기가 작동되면 감시제어반에는 ㉠ 감지기램프, ㉢ 댐퍼확인램프, ㉣ 송풍기확인램프가 점등된다.

감지기 작동시 점등되는 것	급기댐퍼 수동기동장치 작동시 점등되는 것
① 감지기램프	① 댐퍼수동기동램프
② 댐퍼확인램프	② 댐퍼확인램프
③ 송풍기확인램프	③ 송풍기확인램프

정답 ③

28 다음은 감지기 시험장비를 활용한 경보설비 점검그림이다. 그림의 내용 중 옳지 않은 것은?

유사문제
23년 문44
22년 문39
21년 문45

교재 2권
P.115

감지기

감지기 시험기

① 감지기 작동상태 확인이 가능하다.
② 감지기 작동 확인은 수신기에서 불가능하다.
③ 수신기에서 해당 경계구역 확인이 가능하다.
④ 감지기 동작시 지구경종 확인이 가능하다.

 해설

> ② 불가능하다. → 가능하다.
> 감지기 시험장비를 사용하여 **감지기 동작시험**을 하는 사진으로 **감지기 작동확인**은 **수신기**에서 반드시 **가능**해야 한다.

정답 ②

29 ABC급 대형소화기에 관한 설명 중 틀린 것은?

유사문제
23년 문15
23년 문45
21년 문40
20년 문34

교재 2권
PP.20
-22

① 주성분은 제1인산암모늄이다.
② 능력단위가 B급 화재 30단위 이상, C급 화재는 적응성이 있는 것을 말한다.
③ 능력단위가 A급 화재 10단위 이상인 것을 말한다.
④ 소화효과는 질식, 부촉매(억제)이다.

 해설

> ② 30단위 → 20단위

소화기
(1) 소화능력 단위기준 및 보행거리

소화기 분류		능력단위	보행거리
소형소화기		**1단위** 이상	20m 이내
대형소화기 보기 ②③	A급	**10단위** 이상	30m 이내
	B급	**20단위** 이상	
	C급	적응성이 있는 것	-

공하성 기억법 보3대, 대2B(데이빗!)

(2) 분말소화기

주성분	적응화재	소화효과 보기 ④
탄산수소나트륨($NaHCO_3$)	BC급	• 질식효과 • 부촉매(억제)효과
탄산수소칼륨($KHCO_3$)		
제1인산암모늄($NH_4H_2PO_4$) 보기 ①	ABC급	
탄산수소칼륨($KHCO_3$)＋요소($(NH_2)_2CO$)	BC급	

(3) 이산화탄소소화기

주성분	적응화재
이산화탄소(CO_2)	BC급

정답 ②

★★★
30 옥내소화전의 동력제어반과 감시제어반을 나타낸 것이다. 다음 그림에 대한 설명으로 옳지 <u>않은</u> 것은? (단, 현재 동력제어반은 정지표시등만 점등상태이다.)

유사문제
23년 문46
23년 문49
22년 문36
20년 문28
20년 문35
20년 문41

실무교재
PP.78
-82

① 옥내소화전 사용시 주펌프는 기동한다.
② 옥내소화전 사용시 충압펌프는 기동하지 않는다.
③ 현재 충압펌프는 기동 중이다.
④ 현재 주펌프는 정지상태이다.

해설

① 감시제어반 선택스위치가 **자동**에 있으므로 옥내소화전 사용시(옥내소화전 앵글밸브를 열면) **주펌프**는 당연히 **기동**한다.

② 동력제어반 **충압펌프 선택스위치**가 **수동**으로 되어 있으므로 옥내소화전 사용시(옥내소화전 앵글밸브를 열면) **기동**하지 **않는다.** 옥내소화전 사용시 동력제어반 충압펌프 선택스위치가 자동으로 되어 있을 때만 옥내소화전 사용시 충압펌프가 기동한다.

‖ 동력제어반 · 충압펌프 선택스위치 ‖

수동	자동
옥내소화전 사용시 충압펌프 미기동	옥내소화전 사용시 충압펌프 기동

③ 기동 중 → 정지상태
단서에 따라 동력제어반 주펌프 · 충압펌프 정지표시등만 점등되어 있으므로 현재 **충압펌프**는 **정지**상태이다.

④ 단서에 따라 동력제어반 주펌프 · 충압펌프 정지표시등만 점등되어 있으므로 현재 **주펌프**는 **정지**상태이다.

정답 ③

★★★
31 준비작동식 스프링클러설비 수동조작함(SVP) 스위치를 누를 경우 다음 감시제어반의 표시등이 점등되어야 할 것으로 올바르게 짝지어 진 것은? (단, 주어지지 않은 조건은 무시한다.)

유사문제
23년 문28
20년 문36

실무교재
PP.86
-88

① ㄹ, ㅂ   　② ㄴ, ㄷ
③ ㄴ, ㅂ   　④ ㄱ, ㅂ

해설

⊙ 알람밸브는 습식에 사용되므로 해당 없음
© 가스방출스위치는 이산화탄소소화설비, 할론소화설비에 작용되므로 해당 없음

②, ® **감지기** A, B에 의해 **자동**으로 준비작동식을 작동시키는 것이므로 수동조작함
을 누르는 **수동**작동방식과는 **무관함**

준비작동식 수동조작함 스위치를 누른 경우
(1) 펌프작동
(2) 감시제어반 밸브개방표시등 점등
(3) 음향장치(사이렌)작동
(4) 화재표시등 점등

 정답 ③

★★★
32

유사문제
23년 문29
23년 문36
21년 문30

실무교재
PP.89
-93

가스계 소화설비 중 기동용기함의 각 구성요소를 나타낸 것이다. 가스계 소화설비
작동점검 전 가장 우선해야 하는 안전조치로 옳은 것은?

① ⊙의 연결부분을 분리한다.　② ©의 압력스위치를 당긴다.
③ ©의 단자에 배선을 연결한다.　④ ② 안전핀을 체결한다.

 해설 **가스계 소화설비의 점검 전 안전조치**
(1) 안전핀 체결
(2) 솔레노이드 분리
(3) 안전핀 제거

정답 ④

33 자동화재탐지설비의 회로도통시험 적부판정방법으로 틀린 것은?

유사문제
24년 문16

교재 2권
P.120

① 전압계가 있는 경우 정상은 24V를 가리킨다.
② 전압계가 있는 경우 단선은 0V를 가리킨다.
③ 도통시험확인등이 있는 경우 정상은 정상확인등이 녹색으로 점등된다.
④ 도통시험확인등이 있는 경우 단선은 단선확인등이 적색으로 점등된다.

해설

> ① 24V → 4~8V

회로도통시험 적부판정

구 분	전압계가 있는 경우	도통시험확인등이 있는 경우
정 상	4~8V 보기 ①	정상확인등 점등(녹색) 보기 ③
단 선	0V 보기 ②	단선확인등 점등(적색) 보기 ④

용어 **회로도통시험**

> 수신기에서 감지기 사이 회로의 **단선 유무**와 기기 등의 접속상황을 확인하기 위한 시험

정답 ①

34 다음 중 출혈시 증상이 아닌 것은?

교재 1권
P.258

① 호흡과 맥박이 느리고 약하고 불규칙하다.
② 체온이 떨어지고 호흡곤란도 나타난다.
③ 탈수현상이 나타나며 갈증이 심해진다.
④ 구토가 발생한다.

해설

> ① 느리고 → 빠르고

출혈의 증상

(1) 호흡과 맥박이 **빠르고 약하고 불규칙**하다. 보기 ①
(2) 반사작용이 둔해진다.
(3) 체온이 떨어지고 **호흡곤란**도 나타난다. 보기 ②
(4) 혈압이 점차 저하되며, 피부가 **창백**해진다.
(5) **구토**가 발생한다. 보기 ④
(6) **탈수현상**이 나타나며 갈증을 호소한다. 보기 ③

정답 ①

35 다음 그림과 같이 분말소화기를 점검하였다. 점검결과로 옳은 것은?

유사문제
23년 문26
23년 문33
23년 문39
22년 문41
21년 문46
20년 문40

교재 2권
PP.28
-29

| 그림 A |

| 그림 B |

| 그림 C |

① 그림 A, B는 외관상 문제가 없다.

② 그림 A의 안전핀 체결 상태가 불량이다.

③ 그림 A는 호스가 손상되었고, 그림 B는 호스가 탈락되었다.

④ 그림 C의 지시압력계의 압력이 부족하다.

 해설

> ① 없다. → 있다.
>   그림 A는 호스파손, 그림 B는 호스탈락이므로 외관상 문제가 있다.
> ② 불량이다. → 양호하다.
>   안전핀은 손잡이에 잘 끼워져 있는 것으로 보이므로 안전핀 체결상태는 양호하다.
> ④ 부족하다. → 높다.

(1) 소화기 호스·혼·노즐

| 호스 파손 |

| 호스 탈락 |

| 노즐 파손 |

| 혼 파손 |

(2) 지시압력계

① 노란색(황색) : 압력부족

② 녹색 : 정상압력

③ 적색 : 정상압력 초과

‖ 소화기 지시압력계 ‖

‖ 지시압력계의 색표시에 따른 상태 ‖

노란색(황색)	녹 색	적 색
‖ 압력이 부족한 상태 ‖	‖ 정상압력 상태 ‖	‖ 정상압력보다 높은 상태 ‖

● 용기 내 압력을 확인할 수 있도록 지시압력계가 부착되어 사용 가능한 범위가 0.7∼0.98MPa로 녹색으로 되어 있음

정답 ③

교재 2권
PP.50
-51

36 옥내소화전 감시제어반의 스위치 상태가 아래와 같을 때, 보기의 동력제어반(㉠~㉣)에서 점등되는 표시등을 있는대로 고른 것은? (단, 설비는 정상상태이며 제시된 조건을 제외하고 나머지 조건은 무시한다.)

‖ 감시제어반 스위치 ‖

‖ 동력제어반 스위치 ‖

① ㉠, ㉡, ㉢   ② ㉠, ㉡, ㉣
③ ㉠, ㉣   ④ ㉡, ㉣

해설 **점등램프**

선택스위치 : 수동, 주펌프 : 기동	선택스위치 : 수동, 충압펌프 : 기동
① POWER램프 ② 주펌프기동램프 ③ 주펌프 펌프기동램프	① POWER램프 ② 충압펌프기동램프 ③ 충압펌프 펌프기동램프

정답 ②

37

교재 2권
PP.81
-82

그림과 같이 준비작동식 스프링클러설비의 수동조작함을 작동시켰을 때, 확인해야 할 사항으로 옳지 않은 것은?

전원
밸브개방
밸브주의
수동기동

① 감지기 A 작동
② 감시제어반 밸브개방표시등 점등
③ 사이렌 또는 경종 동작
④ 펌프동작

해설

① 감지기는 자동으로 화재를 감지하는 기기이므로 수동으로 수동조작함을 작동시키는 방식과는 무관함

준비작동식 스프링클러설비

수동기동	자동기동
수동조작함 조작	감지기 A, B 작동

수동조작함 작동시 확인해야 할 사항

(1) 펌프작동 보기 ④
(2) 감시제어반 밸브개방표시등 점등 보기 ②
(3) 음향장치(사이렌)작동 보기 ③
(4) 화재표시등 점등

정답 ①

★★★
38 R형 수신기 화면이다. 다음 중 보기의 운영기록 내용으로 옳지 않은 것은?

유사문제
20년 문39

교재 2권
P.126

보기	일시	수신기	회선정보	회선설명	동작구분	메시지
①	22/09/13 10:48:21	1	001	1층 지구경종	중력	중계기 출력
②	22/09/13 10:48:21	1	–	–	수신기	주음향 출력
③	22/09/13 10:48:21	1	001	시험기 1F 자탐 감지기	화재	화재발생
④	22/09/13 10:48:21	1	–	–	시스템 고장	예비전원 고장발생

해설

④ 예비전원 시험버튼은 있지만 **예비전원고장**이란 글씨는 없으므로 틀린 답

예비전원
시험

① **1층 지구경종** 작동표시가 있고 **중계기** 글씨가 있으므로 옳은 답

중계기 : 001   1층 지구경종

② **수신기** 글씨가 있고 **화재발생** 글씨도 있으므로 수신기에서 **주음향 출력**이 되는 것으로 판단되어 옳은 답

수신기 : 1   화 재 발 생

③ **시험기 1F 자탐 감지기** 글씨가 있고, **화재발생** 글씨도 있으므로 옳은 답

화 재 발 생

시험기 1F 자탐 감지기

정답 ④

★★★
39

유사문제
23년 문44
22년 문28
21년 문45

교재 2권
P.96

가스계 소화설비의 점검을 위해 기동용기와 솔레노이드밸브를 분리하였다. 다음 그림과 같이 감지기를 동작시킨 경우 확인되는 사항으로 옳지 않은 것은? [단, 감지기(교차회로) 2개를 작동시켰다.]

감지기

감지기 시험기

① 제어반 화재표시
② 솔레노이드밸브 파괴침 동작
③ 사이렌 또는 경종 동작
④ 방출표시등 점등

 해설

④ 기동용기와 솔레노이드밸브를 분리했으므로 방출표시등은 점등되지 않는다.

감지기를 동작시킨 경우 확인사항
(1) 제어반 화재표시
(2) 솔레노이드밸브 파괴침 동작
(3) 사이렌 또는 경종 동작

정답 ④

40 다음 중 자동심장충격기(AED) 사용방법으로 옳지 않은 것은?

유사문제
24년 문35
23년 문50
22년 문45
22년 문49
21년 문31
21년 문37
21년 문49
20년 문32
20년 문48

교재 1권
PP.265
-267

① 자동심장충격기를 심폐소생술에 방해가 되지 않는 위치에 놓은 뒤 전원버튼을 누른다.
② 환자의 상체를 노출시킨 다음 패드 포장을 열고 2개의 패드를 환자의 가슴 피부에 붙인다.
③ 패드 1은 왼쪽 빗장뼈(쇄골) 바로 아래에, 패드 2는 오른쪽 젖꼭지 아래와 중간겨드랑선에 붙인다.
④ 심장충격이 필요한 환자인 경우에만 제세동버튼이 깜박이기 시작하며, 깜박일 때 심장충격버튼을 눌러 심장충격을 시행한다.

해설

③ 왼쪽 → 오른쪽, 오른쪽 → 왼쪽

자동심장충격기(AED) 사용방법
(1) 자동심장충격기를 심폐소생술에 방해가 되지 않는 위치에 놓은 뒤 **전원버튼**을 누른다. 보기 ①
(2) 패드는 **왼쪽 젖꼭지 아래의 중간겨드랑선**에 설치하고 **오른쪽 빗장뼈**(쇄골) 바로 **아래**에 붙인다. 보기 ③

‖ 패드의 부착위치 ‖

패드 1	패드 2
오른쪽 빗장뼈(쇄골) 바로 아래	왼쪽 젖꼭지 아래의 중간겨드랑선

(3) 심장충격이 필요한 환자인 경우에만 **제세동버튼**이 **깜박**이기 시작하며, 깜박일 때 심장충격버튼을 눌러 심장충격을 시행한다. 보기 ④
(4) 심장충격이 필요 없거나 심장충격을 실시한 이후에는 즉시 **심폐소생술**을 다시 시작한다.
(5) **2분**마다 심장리듬을 분석한 후 반복 시행한다.
(6) 환자의 상체를 노출시킨 다음 패드 포장을 열고 **2개**의 **패드**를 환자의 가슴 피부에 붙인다. 보기 ②

정답 ③

41 2020년 작동점검시 소화기 점검결과의 조치내용으로 옳은 것은?

유사문제
23년 문15
23년 문26
23년 문33
22년 문35
21년 문40
21년 문46
20년 문40

교재 2권
P.21,
P.28

주의사항
1. 매월 1회 이상 지시압력계의 바늘이 정상위치에 있는가를 확인
2. 소화기 설치시에는 태양의 직사 고온다습의 장소를 피한다.
3. 사용시에는 바람을 등지고 방사하고 사용 후에는 내부약제를 완전방출하여야 한다.
4. 사람을 향하여 방사하지 마십시오.
※ 소화약제 물질 안전자료 관련정보(MSDS정보) 　① 위험물질 정보(0.1% 초과시 목록) : 없음 　② 내용물의 5%를 초과하는 화학물질목록 : 제1인산암모늄, 석분 　③ 위험한 약제에 관한 정보 : 폐자극성 분진

제조연월	2017.11

① 소화기 외관점검시 불량내용에 대하여 조치를 한 경우, 점검결과에 기록하지 않는다.

② 노즐이 경미하게 파손되었지만 정상적인 소화활동을 위하여 노즐을 즉시 교체하였다.

③ 내용연수가 초과되어 소화기를 교체하였다.

④ 레버가 파손되어 소화기를 즉시 교체하였다.

해설

① 기록하지 않는다. → 기록해야 한다.

② 노즐이 파손되었으므로 즉시 교체한 것은 옳다.

┃노즐 파손┃

③ 초과되어 → 초과되지 않아서, 교체하였다. → 교체하지 않아도 된다.
　제조연월이 2017.11이고 내용연수는 10년이므로 2027.11까지가 유효기간으로 내용연수가 초과되지 않았다.

제조연월	2017.11

④ 파손되어 소화기를 즉시 교체하였다. → 파손되지 않았다.

레버(손잡이)

☑ 중요 ▸ **내용연수** 교재 2권 P.22

소화기의 내용연수를 **10년**으로 하고 내용연수가 지난 제품은 교체 또는 성능확인을 받을 것

내용연수 경과 후 10년 미만	내용연수 경과 후 10년 이상
3년	1년

정답 ②

★★
42

유사문제
24년 문31
24년 문34
24년 문36
24년 문40
24년 문43
24년 문48
23년 문46
23년 문49
22년 문30
22년 문36
21년 문41
20년 문28
20년 문35
20년 문41

교재 2권
PP.50
-51

그림은 옥내소화전 감시제어반 중 펌프제어를 위한 스위치의 예시를 나타낸 것이다. 평상시 및 펌프 점검시 스위치 위치에 대한 설명으로 옳은 것만 보기에서 있는 대로 고른 것은? (단, 설비는 정상상태이며 제시된 조건을 제외하고 나머지 조건은 무시한다.)

ⓐ 평상시 펌프 선택스위치는 '정지' 위치에 있어야 한다.
ⓑ 평상시 주펌프스위치는 '기동' 위치에 있어야 한다.
ⓒ 펌프 수동기동시 펌프 선택스위치는 '수동' 위치에 있어야 한다.

① ⓐ
② ⓒ
③ ⓐ, ⓑ
④ ⓐ, ⓑ, ⓒ

해설

ⓐ '정지' 위치 → '연동' 위치
ⓑ '기동' 위치 → '정지' 위치

자 동	수 동		
선택스위치 : 연동(자동) 주펌프 : 정지 충압펌프 : 정지	기동		선택스위치 : 수동 주펌프 : 기동 충압펌프 : 기동
	정지		선택스위치 : 수동 주펌프 : 정지 충압펌프 : 정지

정답 ②

43 그림의 밸브를 작동시켰을 때 확인해야 할 사항으로 옳지 않은 것은?

유사문제
24년 문26
24년 문42
23년 문35
20년 문42

교재 2권
PP.79
-80

① 펌프 작동상태
② 감시제어반 밸브개방표시등
③ 음향장치 작동
④ 방출표시등 점등

 해설

④ 방출표시등은 이산화탄소소화설비, 할론소화설비에 해당하는 것으로서 스프링클러 설비와는 관련 없음

시험밸브 개방시 작동 또는 점등되어야 할 것

(1) 펌프작동
(2) 감시제어반 밸브개방표시등(습식 : 알람밸브표시등) 점등
(3) 음향장치(사이렌) 작동
(4) 화재표시등 점등

∥ 시험밸브함 ∥

정답 ④

기출문제 2022

★★ 44

유사문제
20년 문31
20년 문37

교재 2권
P.96

가스계 소화설비 점검 중 감시제어반의 모습이다. 이에 대한 설명으로 옳은 것은? (단, 점검 전 약제방출방지를 위한 안전조치를 완료한 상태이다.)

① 교차회로감지기(A, B)는 기계실에 설치되어 있다.
② 전기실에 소화약제가 방출되지 않았다.
③ 주경종, 지구경종, 사이렌, 비상방송은 정상적으로 작동되고 있다.
④ 전기실 출입문 위 약제 방출표시등은 점등되어 있을 것이다.

해설

① 기계실 → 전기실

② · ④ 전기실방출램프가 소등되어 있으므로 전기실에 소화약제가 방출되지 않았다. 그러므로 출입문의 약제방출표시등도 점등되지 않는다.

③ 사이렌과 지구경종의 정지스위치가 눌러 있으므로 주경종과 비상방송은 정상작동 되지만 사이렌과 지구경종은 정상작동하지 않는다.

정답 ②

45 다음은 자동심장충격기 사용에 관한 내용이다. 옳은 것은?

유사문제
24년 문35
23년 문50
22년 문40
22년 문49
21년 문31
21년 문37
21년 문49
20년 문32
20년 문48

교재 1권
PP.265
-266

‖ AED 사용 ‖

㉠ 자동심장충격기의 전원을 켤 때 감전의 위험이 있으므로 환자와 접촉해서는 안 된다.

㉡ 두 개의 패드 중 1개가 이물질로부터 오염시 패드 1개만 부착하여도 된다.

㉢ 심장리듬 분석시 환자에게서 즉시 떨어져 올바른 분석을 할 수 있도록 한다.

㉣ 제세동 버튼을 누를 때 환자와 접촉한 사람이 없음을 확인 후 제세동 버튼을 누른다.

① ㉠, ㉡ ② ㉡, ㉢

③ ㉢, ㉣ ④ ㉠, ㉣

해설

㉠ 전원을 켤 때 → 심장충격 시행시

㉡ 패드 1개만 부착하여도 된다. → 이물질로 오염시 제거하여 패드 2개를 반드시 부착하여야 한다.

정답 ③

46 그림은 화재발생시 수신기 상태이다. 이에 대한 설명으로 옳지 않은 것은?

유사문제
24년 문28
24년 문29
24년 문37
24년 문44
24년 문47
24년 문50
23년 문38
21년 문33
20년 문26
20년 문33
20년 문44
20년 문49

교재 2권
P.119

① 2층에서 화재가 발생하였다.

② 경종이 울리고 있다.

③ 화재 신호기기는 발신기이다.

④ 화재 신호기기는 감지기이다.

해설

① 2층 지구표시등이 점등되었으므로 2층에서 화재가 발생한 것이 맞음

② **화재표시등**이 점등되었고 주경종 · 지구경종이 눌러져 있지 않으므로 경종이 울리는 것이 맞음

③ · ④ 발신기램프가 점등되어 있지 않으므로 화재신호기기는 발신기가 아니다. 그러므로 화재신호기기는 감지기로 추정할 수 있다.

발신기
O

🔍정답 ③

47 방수압력시험 장비를 사용하여 방수압력시험시 장비의 측정 모습으로 옳은 것은?

유사문제
24년 문32
24년 문39
23년 문34
21년 문47
20년 문29
20년 문46

교재 2권
PP.48
~49

① ㉠

② ㉡

③ ㉢

④ ㉣

해설 **옥내소화전 방수압력측정**

(1) 측정장치 : 방수압력측정계(피토게이지)

(2)

방수량	방수압력
130L/min	0.17~0.7MPa 이하

(3) 방수압력 측정방법 : 방수구에 호스를 결속한 상태로 노즐의 선단에 방수압력측 정계(피토게이지)를 근접 $\left(\dfrac{D}{2}\right)$ 시켜서 측정하고 방수압력측정계의 압력계상의 눈 금을 확인한다. 보기 ㉣

┃ 방수압력 측정 ┃

🔘정답 ④

48 다음 그림에 대한 설명으로 옳은 것은?

유사문제
23년 문47
21년 문29
21년 문36
20년 문47

실무교재
P.83

① 펌프의 정지점은 0.6MPa이다. ② 펌프의 기동점은 0.1MPa이다.
③ 펌프의 정지점은 0.1MPa이다. ④ 펌프의 기동점은 0.6MPa이다.

 해설

① · ③ 정지점 = RANGE = 0.6MPa
② · ④ 기동점 = RANGE−DIFF = 0.6MPa−0.1MPa = 0.5MPa

스프링클러설비의 기동점, 정지점

기동점(기동압력)	정지점(양정, 정지압력)
기동점 = RANGE−DIFF = 자연낙차압+0.15MPa	정지점 = RANGE

> 중요

(1) **압력스위치**

DIFF(Difference)	RANGE
펌프의 작동정지점에서 기동점과의 **압력차이**	펌프의 **작동정지점**

(2) **충압펌프 기동점**
　충압펌프 기동점＝주펌프 기동점+0.05MPa

정답 ①

★★★
49 자동심장충격기(AED) 패드 부착 위치로 옳은 것은?

유사문제
24년 문35
23년 문50
22년 문40
22년 문45
21년 문31
21년 문37
21년 문49
20년 문32
20년 문48

교재 1권
PP.265
-266

〈두 개의 패드 부착 위치〉
● 패드1 : 오른쪽 빗장뼈 아래
● 패드2 : 왼쪽 젖꼭지 아래의 중간겨드랑선

① 　②

③ 　④

해설 **자동심장충격기(AED) 사용방법**
(1) 자동심장충격기를 심폐소생술에 방해가 되지 않는 위치에 놓은 뒤 전원버튼을 누른다.
(2) 환자의 상체를 노출시킨 다음 패드 포장을 열고 2개의 패드를 환자의 가슴에 붙인다.
(3) 패드는 **왼쪽 젖꼭지 아래의 중간겨드랑선**에 설치하고 **오른쪽 빗장뼈**(쇄골) 바로 **아래**에 붙인다.

┃ 패드의 부착위치 ┃

패드 1	패드 2
오른쪽 빗장뼈(쇄골) 바로 아래	왼쪽 젖꼭지 아래의 중간겨드랑선

‖ 패드 위치 ‖

(4) 심장충격이 필요한 환자인 경우에만 제세동버튼이 깜박이기 시작하며, 깜박일 때 심장충격버튼을 눌러 심장충격을 시행한다.

(5) 심장충격버튼을 누르기 전에는 반드시 주변사람 및 구조자가 환자에게서 떨어져

누른 후에는 ×

있는지 다시 한 번 확인한 후에 실시하도록 한다.

(6) 심장충격이 필요 없거나 심장충격을 실시한 이후에는 즉시 **심폐소생술**을 다시 시작한다.

(7) **2분**마다 심장리듬을 분석한 후 반복 시행한다.

정답 ④

★★
50

유사문제
20년 문29
20년 문46

교재 2권
P.334

박소방씨는 어느 건물에 옥내소화전설비의 펌프제어반 정상위치에 대한 작동점검을 한 후 작동점검표에 점검결과를 다음과 같이 작성하였다. 제어반에서 '음향경보장치 정상작동 여부'는 어떤 것으로 확인 가능한가?

(양호○, 불량×, 해당없음/)

구 분	점검번호	점검항목	점검결과
가압송수장치	2-C-002	옥내소화전 방수압력 적정 여부	○
제어반	2-H-011	펌프 작동 여부 확인 표시등 및 음향경보장치 정상작동 여부	○
	2-H-012	펌프별 자동·수동 전환스위치 정상작동 여부	○

① 경종
② 사이렌
③ 부저
④ 경종 및 사이렌

해설 **옥내소화전설비**

(양호○, 불량×, 해당없음/)

구 분	점검번호	점검항목	점검결과
가압송수장치	2-C-002	옥내소화전 방수압력 적정 여부	○
제어반	2-H-011	펌프 작동 여부 확인 표시등 및 음향경보장치 정상작동 여부 부저	○
	2-H-012	펌프 별 자동·수동 전환스위치 정상작동 여부 평상시 전환스위치 상태확인	○

 중요

부 저	경 종	사이렌
제어반	자동화재탐지설비	이산화탄소소화설비

정답 ③

> 인생에서는 누구나 1등이 될 수 있다.
> 우리 모두 1등이 되는 삶을 향하여 한 발짝씩 전진해 봅시다.
>
> — 김영식 '10m만 더 뛰어봐' —

제 **1** 과목

★★★
01

유사문제
24년 문07
20년 문14

도•
제

교재 1권
P.12

문제부터
보세요.
이 팍!팍!
갑니다.

다음 중 1급 소방안전관리자로 선임될 수 없는 사람은? (단, 해당 소방안전관리자 자격증을 받은 경우이다.)

① 소방시설관리사
② 위험물안전관리자로 선임된 위험물기능장
③ 소방설비산업기사
④ 소방설비기사

 해설

① 특급 소방안전관리자에 해당하므로 1급 소방안전관리자에도 선임될 수 있음
② 2급 소방안전관리자 선임대상

(1) **특급 소방안전관리대상물의 소방안전관리자 선임조건** 교재1권 P.11

자 격	경 력	비 고
• 소방기술사 • 소방시설관리사	경력 필요 없음	특급 소방안전관리자 자격증을 받은 사람
• 1급 소방안전관리자(소방설비기사)	5년	
• 1급 소방안전관리자(소방설비산업기사)	7년	
• 소방공무원	20년	
• 소방청장이 실시하는 특급 소방안전관리대상물의 소방안전관리에 관한 시험에 합격한 사람	경력 필요 없음	

(2) **1급 소방안전관리대상물의 소방안전관리자 선임조건** 교재1권 P.12

자 격	경 력	비 고
• 소방설비기사 · 소방설비산업기사	경력 필요 없음	1급 소방안전관리자 자격증을 받은 사람
• 소방공무원	7년	
• 소방청장이 실시하는 1급 소방안전관리대상물 의 소방안전관리에 관한 시험에 합격한 사람	경력 필요 없음	
• 특급 소방안전관리대상물의 소방안전관리자 자 격이 인정되는 사람		

기출문제
2021

☑ 중요 ▶ 1급 소방안전관리대상물의 특정소방대상물

소방안전관리대상물	특정소방대상물
1급 소방안전관리대상물 (동식물원, 철강 등 불연성 물품 저장·취급창고, 지하구, 위험물제조소 등 제외)	• 30층 이상(지하층 제외) 또는 지상 120m 이상 아파트 • 연면적 15000m² 이상인 것(아파트 및 연립주택 제외) • 11층 이상(아파트 제외) • 가연성 가스를 1000톤 이상 저장·취급하는 시설

정답 ②

★★
02

유사문제
24년 문06
22년 문13
20년 문24

교재 1권
P.14

연면적이 45000m²인 어느 특정소방대상물이 있다. 소방안전관리보조자의 최소 선임기준은 몇 명인가?

① 소방안전관리보조자 : 1명
② 소방안전관리보조자 : 2명
③ 소방안전관리보조자 : 3명
④ 소방안전관리보조자 : 4명

해설 최소 선임기준

소방안전관리자	소방안전관리보조자
• 특정소방대상물마다 1명	• 300세대 이상 아파트 : 1명(단, 300세대 초과마다 1명 이상 추가) • 연면적 15000m² 이상 : 1명(단, 15000m² 초과마다 1명 이상 추가) 보기 ③ • 공동주택(기숙사), 의료시설, 노유자시설, 수련시설 및 숙박시설(바닥면적 합계 1500m² 미만이고, 관계인이 24시간 상시 근무하고 있는 숙박시설 제외) : 1명

소방안전관리보조자 : $\dfrac{45000\text{m}^2}{15000\text{m}^2} = 3$명

정답 ③

★★
03

교재 1권
PP.142
-144

다음 중 건축관계법령에서 정하는 용어에 대한 설명으로 옳지 않은 것은?

① 바닥면적 : 건축물의 각 층 또는 그 일부로서 벽, 기둥, 기타 이와 유사한 구획의 중심선으로 둘러싸인 부분의 수평투영면적
② 연면적 : 하나의 건축물의 각 층의 바닥면적의 합계
③ 건폐율 : 대지면적에 대한 바닥면적의 비율
④ 용적률 : 대지면적에 대한 연면적의 비율

해설

③ 바닥면적 → 건축면적

건축관계법령의 용어

용어	설명
건축면적	건축물의 **외벽**의 중심선으로 둘러싸인 부분의 수평투영면적
바닥면적	건축물의 **각 층** 또는 그 일부로서 벽, 기둥, 기타 이와 유사한 구획의 중심선으로 둘러싸인 부분의 수평투영면적 보기 ①
연면적	하나의 건축물의 각 층의 **바닥면적**의 합계 보기 ②
건폐율	대지면적에 대한 **건축면적**의 비율 보기 ③
용적률	대지면적에 대한 **연면적**의 비율 보기 ④

정답 ③

04 시·도지사가 지정하는 화재예방강화지구로서 옳지 않은 것은?

유사문제 22년 문02

교재 1권 P.38

① 시장지역
② 공장·창고 등이 밀집한 지역
③ 콘크리트 건물이 밀집한 지역
④ 목조건물이 밀집한 지역

해설

③ 해당 없음

화재예방강화지구의 지정

지정권자 : 시·도지사

화재예방강화지구 지정지역	화재로 오인할 만한 불을 피우거나 연막소독시 신고지역 교재1권 P.25
• **시장**지역 보기 ① • **공장·창고** 등이 밀집한 지역 보기 ② • **목조건물**이 밀집한 지역 보기 ④ • **노후·불량건축물**이 **밀집**한 지역 • **위험물**의 **저장** 및 **처리시설**이 **밀집**한 지역 • **석유화학제품**을 생산하는 공장이 있는 지역 • **소방시설·소방용수시설** 또는 **소방출동로**가 **없는** 지역 • 물류시설의 개발 및 운영에 관한 법률에 따른 물류단지 • 산업입지 및 개발에 관한 법률에 따른 **산업단지** • **소방청장, 소방본부장** 또는 **소방서장**이 화재예방강화지구로 지정할 필요가 있다고 인정하는 지역	• **시장**지역 • **공장·창고** 밀집한 지역 • **목조건물**이 밀집한 지역 • **위험물**의 **저장** 및 **처리시설**이 밀집한 지역 • **석유화학제품**을 생산하는 공장이 있는 지역 • 그 밖에 **시·도**의 **조례**로 정하는 지역 또는 장소

정답 ③

05 다음 중 벌금이 가장 많은 사람은?

유사문제
24년 문15
22년 문10
22년 문11
20년 문20

교재 1권
P.32

① 갑 : 나는 정당한 사유 없이 소방용수시설을 사용하였어.
② 을 : 나는 화재시 피난명령을 위반하였어.
③ 병 : 나는 불이 번질 우려가 있는 소방대상물의 강제처분을 방해하였어.
④ 정 : 나는 소방자동차의 출동에 지장을 주었어.

해설

> ① 5년 이하의 징역 또는 5000만원 이하의 벌금 〔교재1권 P.32〕
> ② 100만원 이하의 벌금 〔교재1권 P.32〕
> ③ 3년 이하의 징역 또는 3000만원 이하의 벌금 〔교재1권 P.32〕
> ④ 200만원 이하의 과태료

(1) 5년 이하의 징역 또는 5000만원 이하의 벌금

① 위력을 사용하여 출동한 소방대의 화재진압·인명구조 또는 구급활동을 **방해**하는 행위
② 소방대가 화재진압·인명구조 또는 구급활동을 위하여 현장에 출동하거나 현장에 출입하는 것을 고의로 **방해**하는 행위
③ 출동한 소방대원에게 폭행 또는 협박을 행사하여 화재진압·인명구조 또는 구급활동을 **방해**하는 행위
④ 출동한 소방대의 소방장비를 파손하거나 그 효용을 해하여 화재진압·인명구조 또는 구급활동을 **방해**하는 행위
⑤ 소방자동차의 **출동**을 **방해**한 사람
⑥ 사람을 **구출**하는 일 또는 불을 끄거나 불이 번지지 아니하도록 하는 일을 **방해**한 사람
⑦ 정당한 사유 없이 소방용수시설 또는 비상소화장치를 사용하거나 소방용수시설 또는 비상소화장치의 효용을 해하거나 그 정당한 사용을 **방해**한 사람 〔보기 ①〕
⑧ 소방시설의 폐쇄·**차**단

공하성 기억법 5방5000, 5차(오차범위)

(2) 3년 이하의 징역 또는 3000만원 이하의 벌금

① 소방대상물 또는 토지의 **강제처분** 방해 〔보기 ③〕
② 정당한 사유 없이 **화재안전조사** 결과에 따른 **조치명령**을 위반한 자
③ 화재예방안전진단 결과에 따른 보수·보강 등의 조치명령을 정당한 사유 없이 위반한 자
④ 소방시설이 **화재안전기준**에 따라 설치·관리되고 있지 아니할 때 관계인에게 필요한 조치명령을 정당한 사유 없이 위반한 자
⑤ **피난시설, 방화구획** 및 **방화시설**의 관리를 위하여 필요한 조치명령을 정당한 사유 없이 위반한 자
⑥ 소방시설자체점검 결과에 따른 이행계획을 완료하지 않아 필요한 조치의 이행명령을 하였으나 명령을 정당한 사유 없이 위반한 자

(3) **1년 이하의 징역 또는 1000만원 이하의 벌금**
　① 소방시설의 **자체점검** 미실시자
　② 소방안전관리자 **자격증 대여**
　③ 화재예방안전진단을 받지 아니한 자

(4) **300만원 이하의 벌금**
　① **화재안전조사**를 정당한 사유 없이 **거부·방해·기피**한 자
　② 화재예방조치 조치명령을 정당한 사유 없이 따르지 아니하거나 방해한 자
　③ **소방안전관리자, 총괄소방안전관리자, 소방안전관리보조자**를 **선임**하지 아니한 자
　④ **소방시설·피난시설·방화시설** 및 **방화구획** 등이 법령에 위반된 것을 발견하였음에도 필요한 조치를 할 것을 요구하지 아니한 소방안전관리자
　⑤ **소방안전관리자**에게 **불이익**한 처우를 한 관계인
　⑥ 자체점검결과 소화펌프 고장 등 중대위반사항이 발견된 경우 필요한 조치를 하지 않은 관계인 또는 관계인에게 중대위반사항을 알리지 아니한 관리업자 등

(5) **100만원 이하의 벌금**
　① 정당한 사유 없이 소방대가 현장에 도착할 때까지 사람을 **구**출하는 조치 또는 불을 끄거나 불이 번지지 않도록 하는 조치를 하지 아니한 소방대상물 관계인
　② **피**난명령을 위반한 사람 보기 ②
　③ 정당한 사유 없이 **물**의 사용이나 **수도**의 **개폐장치**의 사용 또는 **조**작을 하지 못하게 하거나 방해한 자
　④ 정당한 사유 없이 **소방대**의 **생활안전활동**을 방해한 자
　⑤ 긴급조치를 정당한 사유 없이 방해한 자

(6) **200만원 이하의 과태료**
　소방자동차의 출동에 지장을 준 자 보기 ④

 기억법 구피조1

 기출문제 2021

 정답 ①

★★ 06 다음 중 자동화재탐지설비를 설치하지 않아도 되는 곳은?

유사문제
23년 문13
21년 문08

교재 2권
P.14

　① 노유자생활시설 전부
　② 지하가 중 길이 500m의 터널
　③ 연면적 600m²의 숙박시설
　④ 연면적 2000m²의 교육연구시설

해설

| ② 500m → 1000m 이상 |

자동화재탐지설비의 설치대상

설치대상	조 건
① 정신의료기관·의료재활시설	• 창살설치 : 바닥면적 **300m²** 미만 • 기타 : 바닥면적 **300m²** 이상
② 노유자시설	• 연면적 **400m²** 이상
③ 근린생활시설·위락시설 ④ 의료시설(정신의료기관 또는 요양병원 제외) ⑤ 복합건축물·장례시설	• 연면적 **600m²** 이상
⑥ 목욕장·문화 및 집회시설, 운동시설 ⑦ 종교시설 ⑧ 방송통신시설·관광휴게시설 ⑨ 업무시설·판매시설 ⑩ 항공기 및 자동차 관련시설·공장·창고시설 ⑪ 지하가(터널 제외)·운수시설·발전시설·위험물 저장 및 처리시설 ⑫ 교정 및 군사시설 중 국방·군사시설	• 연면적 **1000m²** 이상
⑬ 교육연구시설·동식물관련시설 보기 ④ ⑭ 분뇨 및 쓰레기 처리시설 ·교정 및 군사시설(국방·군사시설 제외) ⑮ 수련시설(숙박시설이 있는 것 제외) ⑯ 묘지관련시설	• 연면적 **2000m²** 이상
⑰ 지하가 중 터널 보기 ②	• 길이 **1000m** 이상
⑱ 지하구 ⑲ 노유자생활시설 보기 ① ⑳ 공동주택 ㉑ 숙박시설 보기 ③ ㉒ 6층 이상인 건축물 ㉓ 조산원 및 산후조리원 ㉔ 전통시장 ㉕ 요양병원(정신병원과 의료재활시설 제외)	• 전부
㉖ 특수가연물 저장·취급	• 지정수량 **500배** 이상
㉗ 수련시설(숙박시설이 있는 것)	• 수용인원 **100명** 이상
㉘ 발전시설	• 전기저장시설

공하성 **기억법** 근위의복6, 교동분교수2

정답 ②

07 다음 중 비상조명등을 설치하지 않아도 되는 곳은?

교재 2권
p.15

① 지하층을 포함하는 층수가 5층 이상의 연면적 3000m² 이상의 건축물
② 450m² 이상의 지하층 또는 무창층
③ 길이 500m 이상의 터널
④ 숙박시설

해설

④ 휴대용 비상조명등의 설치대상

비상조명등의 설치대상

설치대상	조 건
5층 이상(지하층 포함) 보기 ①	연면적 3000m² 이상
지하층·무창층 보기 ②	바닥면적 450m² 이상
터 널 보기 ③	길이 500m 이상

비교 **휴대용 비상조명등의 설치대상**

설치대상	조 건
숙박시설 보기 ④	전 부
수용인원 100명 이상의 영화상영관, 대규모 점포, 지하역사, 지하상가	전 부

정답 ④

08 철수씨는 본인이 근무하는 건물에 설치되어 있는 소방시설이 궁금하였다. 설치되지 않아도 되는 소방시설은 다음 중 무엇인가?

유사문제
23년 문13
21년 문06

교재 2권
PP.11
-14

【철수씨가 근무하는 건물현황】
• 용도 : 판매시설
• 연면적 : 5000m²
• 층수 : 11층

① 자동화재탐지설비　　　　　　② 옥내소화전설비
③ 옥외소화전설비　　　　　　　④ 스프링클러설비

해설

③ 지상 1·2층 바닥면적 합계가 9000m² 이상이 되지 않으므로 옥외소화전설비 설치제외대상

(1) **옥외소화전설비**의 설치대상 〔교재 2권 P.13〕

설치대상	조 건
목조건축물	**국보·보물** 전부
지상 1·2층 보기 ③	바닥면적 합계 **9000m²** 이상
특수가연물 저장·취급	지정수량 **750배** 이상

(2) **자동화재탐지설비**의 설치대상 〔교재 2권 P.14〕

설치대상	조 건
① 정신의료기관·의료재활시설	• 창살설치 : 바닥면적 **300m²** 미만 • 기타 : 바닥면적 **300m²** 이상
② 노유자시설	• 연면적 **400m²** 이상
③ 근린생활시설·위락시설 ④ 의료시설(정신의료기관 또는 요양병원 제외) ⑤ 복합건축물·장례시설	• 연면적 **600m²** 이상
⑥ 목욕장·문화 및 집회시설, 운동시설 ⑦ 종교시설 ⑧ 방송통신시설·관광휴게시설 ⑨ 업무시설·판매시설 보기 ① ⑩ 항공기 및 자동차 관련시설·공장·창고시설 ⑪ 지하가(터널 제외)·운수시설·발전시설·위험물 저장 및 처리시설 ⑫ 교정 및 군사시설 중 국방·군사시설	• 연면적 **1000m²** 이상
⑬ 교육연구시설·동식물관련시설 ⑭ 자원순환관련시설·교정 및 군사시설(국방·군사시설 제외) ⑮ 수련시설(숙박시설이 있는 것 제외) ⑯ 묘지관련시설	• 연면적 **2000m²** 이상
⑰ 지하가 중 **터널**	• 길이 **1000m** 이상
⑱ **지하구** ⑲ 노유자생활시설 ⑳ 공동주택 ㉑ 숙박시설 ㉒ 6층 이상인 건축물 ㉓ 조산원 및 산후조리원 ㉔ 전통시장 ㉕ 요양병원(정신병원과 의료재활시설 제외)	• 전부
㉖ 특수가연물 저장·취급	• 지정수량 **500배** 이상

설치대상	조 건
㉗ 수련시설(숙박시설이 있는 것)	• 수용인원 **100명** 이상
㉘ 발전시설	• 전기저장시설

공하성 기억법 근위의복6, 교동자교수2

(3) **옥내소화전설비**의 설치대상 ［교재 2권 P.11］

설치대상	조 건
• 차고 · 주차장	**200m² 이상**
• 근린생활시설 • **판매시설** ［보기 ②］ • 업무시설(금융업소 · 사무소) • 숙박시설(여관 · 호텔)	연면적 **1500m²** 이상
• 문화 및 집회시설 • 운동시설 • 종교시설	연면적 **3000m²** 이상
• 특수가연물 저장 · 취급	지정수량 **750배** 이상
• 지하가 중 터널	**1000m** 이상

(4) **스프링클러설비**의 설치대상 ［교재 2권 PP.11-12］

설치대상	조 건
① 문화 및 집회시설(동 · 식물원 제외) ② 종교시설(주요구조부가 목조인 것 제외) ③ 운동시설[물놀이형 시설, 바닥 (불연재료), 관람석 없는 운동 시설 제외]	• 수용인원 — **100명** 이상 • 영화상영관 — 지하층 · 무창층 **500m²**(기타 **1000m²**) • 무대부 　① 지하층 · 무창층 · 4층 이상 **300m²** 이상 　② 1~3층 **500m²** 이상
④ **판매시설** ［보기 ④］ ⑤ 운수시설 ⑥ 물류터미널	• 수용인원 **500명** 이상 • 바닥면적 합계 **5000m²** 이상
⑦ 조산원, 산후조리원 ⑧ 정신의료기관 ⑨ 종합병원, 병원, 치과병원, 한 방병원 및 요양병원 ⑩ 노유자시설 ⑪ 수련시설(숙박 가능한 곳) ⑫ 숙박시설	• 바닥면적 합계 **600m²** 이상
⑬ 지하가(터널 제외)	• 연면적 **1000m²** 이상

설치대상	조 건
⑭ 지하층·무창층(축사 제외) ⑮ **4층** 이상	• 바닥면적 1000m² 이상
⑯ **10m** 넘는 랙크식 창고	• 바닥면적 합계 1500m² 이상
⑰ 창고시설(물류터미널 제외)	• 바닥면적 합계 5000m² 이상
⑱ 기숙사 ⑲ 복합건축물	• 연면적 5000m² 이상
⑳ **6층** 이상	모든 층
㉑ 공장 또는 창고시설	• 특수가연물 저장·취급 – 지정수량 **1000배** 이상 • 중·저준위 방사성 폐기물의 저장시설 중 소화수를 수집·처리하는 설비가 있는 저장시설
㉒ 지붕 또는 외벽이 불연재료가 아니거나 내화구조가 아닌 공장 또는 창고시설	• 물류터미널 ① 바닥면적 합계 2500~5000m² 미만 ② 수용인원 250~500명 미만 • 창고시설(물류터미널 제외)–바닥면적 합계 2500m² 이상 • 지하층·무창층·4층 이상–바닥면적 500~1000m² 미만 • 랙크식 창고–바닥면적 합계 750~15000m² 미만 • 특수가연물 저장·취급–지정수량 500~1000배 미만
㉓ 교정 및 군사시설	• 보호감호소, 교도소, 구치소 및 그 지소, 보호관찰소, 갱생보호시설, 치료감호시설, 소년원 및 소년분류심사원의 수용거실 • 보호시설(외국인보호소는 보호대상자의 생활공간으로 한정) • 유치장
㉔ 발전시설	• 전기저장시설

☑ 중요 ▶ **6층** 이상

① 건축허가 동의 교재 1권 P.56

② 자동화재탐지설비 교재 2권 P.14

③ 스프링클러설비 교재 2권 P.11

🔄정답 ③

09 다음 중 종합방재실의 위치에 대한 설명으로 틀린 것은?

유사문제
24년 문04
24년 문17

교재 1권
P.245

① 1층 또는 피난층
② 초고층 건축물에 특별피난계단이 설치되어 있고, 특별피난계단 출입구로부터 5m 이내에 종합방재실을 설치하려는 경우에는 지하 1층 또는 지하 2층에 설치할 수 있다.
③ 화재 및 침수 등으로 인하여 피해를 입을 우려가 적은 곳
④ 공동주택의 경우에는 관리사무소 내에 설치할 수 있다.

해설

> ② 지하 1층 또는 지하 2층 → 2층 또는 지하 1층

종합방재실의 위치
(1) **1층** 또는 **피난층** 보기 ①
(2) 초고층 건축물 등에 특별피난계단이 설치되어 있고, 특별피난계단 출입구로부터 **5m** 이내에 종합방재실을 설치하려는 경우에는 **2층** 또는 **지하 1층**에 설치할 수 있다. 보기 ②
(3) 공동주택의 경우에는 **관리사무소 내**에 설치할 수 있다. 보기 ④
(4) **비상용 승강장**, **피난 전용 승강장** 및 **특별피난계단**으로 이동하기 쉬운 곳
(5) 재난정보 수집 및 제공, 방재활동의 거점 역할을 할 수 있는 곳
(6) **소방대**가 쉽게 도달할 수 있는 곳
(7) **화재** 및 **침수** 등으로 인하여 피해를 입을 우려가 적은 곳 보기 ③

정답 ②

10 11층 이상인 다음 건물의 경보상황을 보고 유추할 수 있는 사항은?

교재 2권
P.110

① 발화층 및 직상 4개층 경보
② 일제경보
③ 구분경보
④ 직하발화 우선경보

해설 자동화재탐지설비 발화층 및 직상 4개층 경보 적용대상물
11층(공동주택 16층) 이상의 특정소방대상물의 경보

‖ 자동화재탐지설비 음향장치의 경보 ‖

발화층	경보층	
	11층(공동주택 16층) 미만	11층(공동주택 16층) 이상
2층 이상 발화	전층 일제경보	• 발화층 • 직상 4개층
1층 발화		• 발화층 • 직상 4개층 • 지하층
지하층 발화		• 발화층 • 직상층 • 기타의 지하층

정답 ①

11 다음 중 점화에너지에 관한 설명으로 옳은 것은?

교재 1권
PP.173
-174

① 화염 : 최저온도가 있고 그 온도는 탄화수소 등에서는 약 1200℃ 정도이다.
② 열면 : 가연물이 고온의 기체표면에 접촉하면 조건에 따라서 발화된다.
③ 전기불꽃 : 장시간에 집중적으로 에너지를 대상물에 부여하므로 에너지 밀도가 높은 발화원이다.
④ 자연발화 : 물질이 외부로부터 에너지를 공급받는 가운데 자체적으로 온도가 상승하여 발화하는 현상이다.

해설

② 기체표면 → 고체표면
③ 장시간 → 단시간
④ 공급받는 → 공급받지 않는

점화에너지

종 류	설 명
화 염	최저온도가 있고 그 온도는 탄화수소 등에서는 약 **1200℃ 정도**이다. 보기 ①
열 면	가연물이 고온의 **고체표면**에 접촉하면 조건에 따라서 발화된다. 보기 ②
전기불꽃	**단시간**에 집중적으로 에너지를 대상물에 부여하므로 에너지밀도가 높은 발화원이다. 보기 ③
자연발화	물질이 외부로부터 에너지를 **공급받지 않는** 가운데 자체적으로 온도가 상승하여 발화하는 현상이다. 보기 ④
단열압축	단열된 상태에서 **기체**를 압축하면 열이 발생·축적된다.

정답 ①

12 다음 중 종합방재실의 설치기준에 관한 사항으로 옳지 않은 것은?

유사문제
24년 문04

교재 1권
P.246,
P.248

① 다른 부분과 방화구획으로 설치할 것
② 인력의 대기 및 휴식 등을 위해 종합방재실과 방화구획된 부속실을 설치할 것
③ 면적은 20m² 이상으로 할 것
④ 초고층 건축물 등의 관리주체의 인력을 2명 이상 상주하도록 할 것

해설

④ 2명 → 3명

종합방재실의 설치기준
(1) 다른 부분과 방화구획으로 설치할 것 보기 ①
(2) 인력의 대기 및 휴식 등을 위해 종합방재실과 방화구획된 부속실을 설치할 것
보기 ②
(3) 면적은 **20m²** 이상으로 할 것 보기 ③
(4) 출입문에는 출입제한 및 통제장치를 갖출 것
(5) 재난 및 안전관리, 방범 및 보안, 테러 예방을 위하여 필요한 시설·장비의 설치와 근무인력의 재난 및 안전관리활동, 재난 발생시 소방대원의 지휘활동에 지장이 없도록 설치할 것
(6) 초고층 건축물 등의 관리주체의 인력을 **3명** 이상 상주하도록 할 것 보기 ④

정답 ④

13 전기안전관리상 주요 화재원인이 아닌 것은?

유사문제
24년 문11

교재 1권
PP.200
-202

① 합선
② 누전
③ 과전류
④ 절연저항

해설

④ 해당 없음

전기화재의 주요 화재원인
(1) 전선의 **합선(단락)**에 의한 발화 보기 ①
　　　단선 ✕
(2) **누전**에 의한 발화 보기 ②
(3) **과전류(과부하)**에 의한 발화 보기 ③
(4) **정전기불꽃**

정답 ④

★★★
14 위험물안전관리법상 제4류 위험물의 일반적인 특성이 아닌 것은?

유사문제
24년 문03

① 인화가 용이하다.　　　　　　② 대부분의 증기는 공기보다 가볍다.
③ 대부분 물보다 가볍다.　　　　④ 주수소화가 불가능한 것이 대부분이다.

교재 1권
P.199

해설 **제4류 위험물의 일반적인 특성**
(1) 인화가 용이하다. 보기 ①
(2) 대부분 물보다 가볍다. 보기 ③
(3) 대부분의 증기는 **공기보다 무겁다.** 보기 ②
(4) 주수소화가 불가능한 것이 대부분이다. 보기 ④

정답 ②

★★
15 다음 조건을 참고하여 피난계단수 및 피난계단의 종류를 선정했을 때 옳은 것은?

교재 1권
P.152

• 건물의 서측 및 동측에 계단이 하나씩 설치되어 있다.
• 피난시 이동경로는 옥내 → 부속실 → 계단실 → 피난층이다.

① 총 계단수 : 1개, 옥내피난계단　　② 총 계단수 : 2개, 옥내피난계단
③ 총 계단수 : 1개, 특별피난계단　　④ 총 계단수 : 2개, 특별피난계단

해설 **피난계단의 종류 및 피난시 이동경로**

피난계단의 종류	피난시 이동경로
옥내피난계단	옥내 → 계단실 → 피난층
옥외피난계단	옥내 → 옥외계단 → 지상층
특별피난계단 ⟶	옥내 → 부속실 → 계단실 → 피난층 보기 ④

계단은 서측과 동측 두 곳에 있으므로 **피난계단의 수는 2개**이고, 피난시 이동경로가
옥내 → 부속실 → 계단실 → 피난층이므로 **특별피난계단**을 선정

정답 ④

★
16 물리적 작용에 의한 소화라고 볼 수 없는 것은?

교재 1권
PP.191
-192

① 연쇄반응의 중단에 의한 소화　　② 연소에너지 한계에 의한 소화
③ 농도한계에 의한 소화　　　　　　④ 화염의 불안정화에 의한 소화

해설
　① 화학적 작용에 의한 소화

물리적 작용에 의한 소화
(1) **연소에너지 한계**에 의한 소화 보기 ②
(2) **농도한계**에 의한 소화 보기 ③
(3) **화염**의 **불안정화**에 의한 소화 보기 ④

정답 ①

17 다음 중 방염처리된 제품의 사용을 권장할 수 있는 경우는?

유사문제
21년 문22

교재 1권
PP.59
-60

① 의료시설에 설치된 소파　　　　② 노유자시설에 설치된 암막
③ 종합병원에 설치된 무대막　　　④ 종교시설에 설치된 침구류

해설 방염처리된 제품의 사용을 권장할 수 있는 경우

(1) **다**중이용업소 · **의료시설** · **노**유자시설 · **숙**박시설 · **장**례시설에 사용하는 **침구류**, **소파**, **의자** 보기 ①

종학쌤 기억법 다의 노숙장 침소의

(2) 건축물 내부의 천장 또는 벽에 부착하거나 설치하는 가구류

비교 방염대상물품(제조 또는 가공공정에서 방염처리를 한 물품) 교재1권 P.59	방염처리된 제품의 사용을 권장할 수 있는 경우
① 창문에 설치하는 **커튼류**(블라인드 포함) ② 카펫 ③ **벽지류**(두께 2mm 미만인 **종이벽지** 제외) ④ **전시용 합판 · 섬유판** ⑤ **무대용 합판 · 섬유판** ⑥ **암막 · 무대막**(영화상영관 · 가상체험 체육시설업의 **스크린** 포함) ⑦ 섬유류 또는 합성수지류 등을 원료로 하여 제작된 **소파 · 의자**(단란주점 · 유흥주점 · 노래연습장에 한함)	① 다중이용업소 · 의료시설 · 노유자시설 · 숙박시설 · 장례시설에 사용하는 침구류, 소파, 의자 ② 건축물 내부의 천장 또는 벽에 부착하거나 설치하는 가구류

정답 ①

18 자동방화셔터에 관한 다음 (　) 안에 알맞은 말로 옳은 것은?

교재 1권
P.162

(1) 불꽃이나 (　㉠　)를 감지한 경우 일부 폐쇄되는 구조일 것
(2) (　㉡　)을 감지한 경우 완전 폐쇄되는 구조일 것

① ㉠ : 열, ㉡ : 연기　　　　　② ㉠ : 연기, ㉡ : 열
③ ㉠ : 열, ㉡ : 스프링클러헤드　④ ㉠ : 연기, ㉡ : 스프링클러헤드

해설 자동방화셔터의 설치

(1) 피난이 가능한 **60분+방화문** 또는 **60분 방화문**으로부터 **3m** 이내에 별도로 설치할 것
(2) 전동방식이나 수동방식으로 개폐할 수 있을 것
(3) 불꽃감지기 또는 연기감지기 중 하나와 열감지기를 설치할 것
(4) 불꽃이나 **연기**를 감지한 경우 **일부 폐쇄**되는 구조일 것
(5) 열을 감지한 경우 **완전 폐쇄**되는 구조일 것

기출문제 2021

용어 **자동방화셔터** 교재1권 P.163

내화구조로 된 벽을 설치하지 못하는 경우 화재시 연기 및 열을 감지하여 자동 폐쇄 되는 셔터를 말한다.

정답 ②

★★★
19 가연성 증기 중 중유의 연소범위[vol%]로 옳은 것은?

유사문제 22년 문22

① 1~5
② 1.2~7.6
③ 6~36
④ 2.5~81

교재 1권 P.176

해설 **공기 중의 연소범위**

기체 또는 증기	연소범위[vol%]	
	연소하한계	연소상한계
아세틸렌	2.5	81
수 소	4.1	75
메틸알코올	6	36
암모니아	15	28
아세톤	2.5	12.8
휘발유	1.2	7.6
등 유	0.7	5
중 유 보기① →	1	5

비교 **LPG(액화석유가스)의 폭발범위** 교재1권 P.204

부 탄	프로판
1.8~8.4%	2.1~9.5%

정답 ①

★★★
20 연료가스에 대한 설명으로 옳지 않은 것은?

유사문제 24년 문14

① LNG의 주성분은 C_4H_{10}이다.
② LPG의 비중은 1.5~2이다.
③ LPG의 가스누설경보기는 연소기 또는 관통부로부터 수평거리 4m 이내의 위치에 설치한다.
④ 프로판의 폭발범위는 2.1~9.5%이다.

교재 1권 P.204, P.206

해설

① $C_4H_{10} \rightarrow CH_4$

LPG vs LNG

구 분＼종 류	액화석유가스(LPG)	액화천연가스(LNG)
주성분	●**프**로판(C_3H_8) ●**부**탄(C_4H_{10}) 공하성 기억법 P프부	●**메**탄(CH_4) 보기 ① 공하성 기억법 N메
비 중	●1.5~2(누출시 낮은 곳 체류) 보기 ②	●0.6(누출시 천장 쪽에 체류)
폭발범위 (연소범위)	●프로판 : 2.1~9.5% 보기 ④ ●부탄 : 1.8~8.4%	●5~15%
용 도	●가정용 ●공업용 ●자동차연료용	●도시가스
증기비중	●1보다 큰 가스	●1보다 작은 가스
탐지기의 위치	●탐지기의 **상단**은 **바닥면**의 **상방** **30cm** 이내에 설치	●탐지기의 **하단**은 **천장면**의 **하방** **30cm** 이내에 설치
가스누설경보기의 위치	●연소기 또는 관통부로부터 수평 거리 **4m** 이내에 설치 보기 ③	●연소기로부터 수평거리 **8m** 이내 에 설치
공기와 무게 비교	●공기보다 무겁다.	●공기보다 가볍다.

정답 ①

21 다음 중 자체점검에 대한 설명으로 옳은 것은?

유사문제
20년 문17

교재 1권
PP.62
-63

① 소방대상물의 규모·용도 및 설치된 소방시설의 종류에 의하여 자체점검자의 자격·절차 및 방법 등을 달리한다.
② 작동점검시 항시 소방시설관리사가 참여해야 한다.
③ 종합점검시 소방시설별 점검장비를 이용하여 점검하지 않아도 된다.
④ 종합점검시 특급, 1급은 연 1회만 실시하면 된다.

해설

> ② 항시 소방시설관리사 → 관계인, 소방안전관리자, 소방시설관리업자
> ③ 점검하지 않아도 된다. → 점검한다.
> ④ 특급, 1급은 연 1회만 → 특급은 반기별 1회 이상, 1급은 연 1회 이상

☑ 중요 ▶ 종합점검대상

> ① 스프링클러설비·제연설비(터널)
> ② 공공기관 연면적 1000m² 이상
> ③ 다중이용업 연면적 2000m² 이상
> ④ 물분무등소화설비(호스릴 제외) 연면적 5000m² 이상

┃소방시설 등 자체점검의 점검대상, 점검자의 자격, 점검횟수 및 시기┃

점검구분	정 의	점검대상	점검자의 자격(주된 인력)	점검횟수 및 점검시기
작동점검	소방시설 등을 인위적으로 조작하여 정상적으로 작동하는지를 점검하는 것	① 간이스프링클러설비·자동화재탐지설비가 설치된 특정소방대상물	• 관계인 • 소방안전관리자로 선임된 소방시설관리사 또는 소방기술사 • 소방시설관리업에 등록된 기술인력 중 소방시설관리사 또는 「소방시설공사업법 시행규칙」에 따른 특급 점검자	• 작동점검은 **연 1회** 이상 실시하며, 종합점검대상은 종합점검을 받은 달부터 **6개월**이 되는 달에 실시 • 종합점검대상 외의 특정소방대상물은 사용승인일이 **속하는 달의 말일**까지 실시
		② ①에 해당하지 아니하는 특정소방대상물	• 소방시설관리업에 등록된 기술인력 중 소방시설관리사 • 소방안전관리자로 선임된 소방시설관리사 또는 소방기술사	
		③ 작동점검 제외대상 • 특정소방대상물 중 소방안전관리자를 선임하지 않는 대상 • 위험물제조소 등 • 특급 소방안전관리대상물		
종합점검	소방시설 등의 작동점검을 포함하여 소방시설 등의 설비별 주요 구성 부품의 구조기준이 화재안전기준과 「건축법」 등 관련 법령에서 정하는 기준에 적합한지 여부를 점검하는 것 (1) 최초점검 : 해당 특정소방대상물의 소방시설 등이 신설된 경우 (2) 그 밖의 종합점검 : 최초점검을 제외한 종합점검	④ 소방시설 등이 신설된 경우에 해당하는 특정소방대상물 ⑤ **스프링클러설비**가 설치된 특정소방대상물 ⑥ **물분무등소화설비**(호스릴 방식의 물분무등소화설비만을 설치한 경우는 제외)가 설치된 연면적 **5000m²** 이상인 특정소방대상물(위험물제조소 등 제외) ⑦ 다중이용업의 영업장이 설치된 특정소방대상물로서 연면적이 **2000m²** 이상인 것 ⑧ **제연설비**가 설치된 터널 ⑨ **공공기관** 중 연면적(터널·지하구의 경우 그 길이와 평균폭을 곱하여 계산한 값)이 **1000m²** 이상인 것으로서 옥내소화전설비 또는 자동화재탐지설비가 설치된 것(단, 소방대가 근무하는 공공기관 제외) ☑ 중요 **종합점검** ① 공공기관 : 1000m² ② 다중이용업 : 2000m² ③ 물분무등(호스릴 X) : 5000m²	• 소방시설관리업에 등록된 기술인력 중 **소방시설관리사** • 소방안전관리자로 선임된 **소방시설관리사** 또는 **소방기술사**	〈점검횟수〉 ㉠ 연 1회 이상(특급 소방안전관리대상물은 반기에 1회 이상) 실시 ㉡ ㉠에도 불구하고 소방본부장 또는 소방서장은 소방청장이 소방안전관리가 우수하다고 인정한 특정소방대상물에 대해서는 3년의 범위에서 소방청장이 고시하거나 정한 기간 동안 종합점검을 면제할 수 있다(단, 면제기간 중 화재가 발생한 경우는 제외). 〈점검시기〉 ㉠ ④에 해당하는 특정소방대상물은 건축물을 사용할 수 있게 된 날부터 **60일** 이내 실시 ㉡ ㉠을 제외한 특정소방대상물은 건축물의 사용승인일이 속하는 달에 실시(단, 학교의 경우 해당 건축물의 사용승인일이 1월에서 6월 사이에 있는 경우에는 6월 30일까지 실시할 수 있다.) ㉢ 건축물 사용승인일 이후 ⑦에 따라 종합점검대상에 해당하게 된 경우에는 그 다음 해부터 실시 ㉣ 하나의 대지경계선 안에 2개 이상의 자체점검대상 건축물 등이 있는 경우 그 건축물 중 사용승인일이 가장 빠른 연도의 건축물의 사용승인일을 기준으로 점검할 수 있다.

😎 정답 ①

22 방염에 관한 다음 (   ) 안에 적당한 말로 옳은 것은?

유사문제
24년 문05
22년 문16
21년 문17

교재 1권
PP.58
-60

방염성능기준 이상의 실내장식물 등을 설치하여야 하는 장소는 (㉠)이며, 방염대상물품은 (㉡), 노유자시설에 사용하는 침구류는 방염처리된 제품의 사용을 (㉢)할 수 있다.

① ㉠ 종교시설, ㉡ 가상체험 체육시설업에 설치하는 스크린, ㉢ 권장
② ㉠ 근린생활시설, ㉡ 영화상영관에 설치하는 스크린, ㉢ 명령
③ ㉠ 판매시설, ㉡ 가상체험 체육시설업에 설치하는 스크린, ㉢ 권장
④ ㉠ 교육연구시설, ㉡ 영화상영관에 설치하는 스크린, ㉢ 명령

해설 **방염기준**
(1) 방염성능기준 이상의 실내장식물 등을 설치하여야 할 장소
　① 조산원, 산후조리원, 공연장, 종교집회장
　② **11층** 이상의 층(**아파트** 제외)
　③ **체**력단련장
　④ 문화 및 집회시설(옥내에 있는 시설)
　⑤ 운동시설(**수영장** 제외)
　⑥ **숙**박시설 · **노**유자시설
　⑦ 의료시설(요양병원 등), 의원
　⑧ 수련시설(**숙**박시설이 있는 것)
　⑨ **방**송국 · 촬영소
　⑩ 종교시설 보기 ㉠
　⑪ 합숙소
　⑫ 다중이용업소(단란주점영업, 유흥주점영업, 노래연습장의 영업장 등)

　　공하성 기억법 **방숙체노**

(2) 방염대상물품 : **제조** 또는 **가공공정**에서 방염처리를 한 물품
　① 창문에 설치하는 **커튼류**(블라인드 포함)
　② 카펫
　③ 두께 **2mm 미만**인 **벽지류**(종이벽지 제외)
　④ **전시용 합판 · 섬유판**
　⑤ **무대용 합판 · 섬유판**
　⑥ **암막 · 무대막**(영화상영관 · 가상체험 체육시설업의 **스크린** 포함) 보기 ㉡
　⑦ 섬유류 또는 합성수지류 등을 원료로 하여 제작된 **소파 · 의자**(단란주점 · 유흥주점 · 노래연습장에 한함)

(3) 방염처리된 제품의 사용을 **권장**할 수 있는 경우
　① **다**중이용업소 · **의**료시설 · **노**유자시설 · **숙**박시설 · **장**례시설에 사용하는 **침**구류, **소파**, **의자** 보기 ㉢
　② 건축물 내부의 천장 또는 벽에 부착하거나 설치하는 가구류

　　공하성 기억법 **다의 노숙장 침소의**

정답 ①

기출문제 2021

★★ 23

방화구획의 설치기준 중 스프링클러설비, 기타 이와 유사한 자동식 소화설비를 설치한 10층 이하의 층은 몇 m^2 이내마다 구획하여야 하는가?

유사문제
23년 문03
22년 문19

교재 1권
P.161

① 1000 ② 1500
③ 2000 ④ 3000

해설

④ 스프링클러설비를 설치했으므로 $1000m^2 \times 3배 = 3000m^2$ 이내마다

방화구획의 기준

대상건축물	대상규모	층 및 구획방법		구획부분의 구조
주요구조부가 내화구조 또는 불연재료로 된 건축물	연면적 $1000m^2$ 넘는 것	10층 이하	• 바닥면적 $1000m^2$ 이내마다(스프링클러×3배=$3000m^2$)	• 내화구조로 된 바닥·벽
		매 층마다	• 지하 1층에서 지상으로 직접 연결하는 경사로 부위는 제외	• 방화문 • 자동방화셔터
		11층 이상	• 바닥면적 $200m^2$(스프링클러×3배=$600m^2$) 이내마다(내장재가 불연재인 경우 $500m^2$ 이내마다)(스프링클러×3배=$1500m^2$)	

• 스프링클러설비, 기타 이와 유사한 **자동식 소화설비**를 설치한 경우 바닥면적은 **위의 면적의 3배**로 산정 보기 ④
• 아파트로서 **4층 이상**에 **대피공간** 설치시 다른 부분과 **방화구획**

정답 ④

★★ 24

발화점에 관한 사항으로 옳은 것은?

교재 1권
P.179

① 내부로부터의 직접적인 에너지 공급 없이 물질 자체의 열축적에 의하여 착화가 되는 최저온도를 말한다.
② 파라핀계 탄화수소의 분자식을 만족하는 '포화탄화수소'는 탄소수가 많아서 탄소체인의 길이가 길수록 낮아진다.
③ 가연성 물질을 공기 중에서 가열함으로써 발화되는 최고온도이다.
④ 황린은 발화점이 100℃로서 발화점이 낮은 대표적인 물질이다.

해설

① 내부 → 외부
③ 최고온도 → 최저온도
④ 100℃ → 35℃

발화점
(1) 외부로부터의 직접적인 에너지 공급 없이 물질 자체의 열축적에 의하여 착화되는 최저온도 보기 ①

(2) 가연성 물질을 공기 중에서 가열함으로써 발화되는 최저온도 보기 ③

(3) 발화점＝착화점＝착화온도

(4) 파라핀계 탄화수소의 분자식을 만족하는 포화탄화수소는 탄소수가 많아서 탄소 체인의 길이가 길수록 낮아짐 보기 ②

(5) 황린은 발화점이 35℃로서 발화점이 낮은 대표적인 물질 보기 ④

정답 ②

★★★
25 펌프의 성능곡선에 관한 다음 ( ) 안에 올바른 명칭은?

유사문제
23년 문23

교재 2권
P.55

① ㉠ 정격부하운전점, ㉡ 체절운전점, ㉢ 최대운전점
② ㉠ 체절운전점, ㉡ 정격부하운전점, ㉢ 최대운전점
③ ㉠ 최대운전점, ㉡ 정격부하운전점, ㉢ 체절운전점
④ ㉠ 체절운전점, ㉡ 최대운전점, ㉢ 정격부하운전점

해설

정답 ②

제②과목

★★★
26

유사문제
24년 문27
23년 문30
23년 문48
21년 문42
20년 문27

실무교재
P.96,
P.98

건물 내 화재발생시 재실자가 안전하게 피난을 할 수 있도록 연기를 제어해야 한다. 제연설비의 원활한 제어를 위해 평상시 동력제어반의 유지관리 모습으로 옳은 것은?

① 동력제어반
POWER
수동 자동 ON
OVERLOAD OFF

② 동력제어반
POWER
수동 자동 ON
OVERLOAD OFF

③ 동력제어반
POWER
수동 자동 ON
OVERLOAD OFF

④ 동력제어반
POWER
수동 자동 ON
OVERLOAD OFF

해설

④ 평상시 POWER : **점등**, 선택스위치 : **자동**, OFF : **점등**이므로 ④번 정답

동작제어반 상태

평상시	화재시	펌프 과부하시	수동제어시
① POWER : **점등**	① POWER : **점등**	① POWER : **점등**	① POWER : **점등**
② 선택스위치 : **자동**	② 선택스위치 : **자동**	② 선택스위치 : **수동** 또는 **자동**	② 선택스위치 : **수동**
③ OVERLOAD : **소등**	③ OVERLOAD : **소등**	③ OVERLOAD : **점등**	③ OVERLOAD : **소등**
④ ON : **소등**	④ ON : **점등**	④ ON : **소등**	④ ON : **소등**
⑤ OFF : **점등**	⑤ OFF : **소등**	⑤ OFF : **점등**	⑤ OFF : **점등**

정답 ④

27 K급 화재의 적응물질로 맞는 것은?

유사문제
22년 문24

교재 1권
P.182

① 목재   ② 유류
③ 금속류   ④ 동・식물성 유지

해설 **화재의 종류**

종 류	적응물질	소화약제
일반화재(A급)	● 보통가연물(폴리에틸렌 등) ● 종이 ● 목재, 면화류, 석탄 ● **재를 남김**	① 물 ② 수용액
유류화재(B급)	● 유류 ● 알코올 ● **재를 남기지 않음**	① 포(폼)
전기화재(C급)	● 변압기 ● 배전반	① 이산화탄소 ② 분말소화약제 ③ 주수소화 금지
금속화재(D급)	● 가연성 금속류(나트륨 등)	① 금속화재용 분말소화약제 ② 건조사(마른모래)
주방화재(K급)	● 식용유 ● 동・식물성 유지 보기 ④	① 강화액

정답 ④

28 최상층의 옥내소화전설비 방수압력을 시험하고 있다. 그림 중 옥내소화전설비의 동력제어반 상태, 점검결과, 불량내용 순으로 옳은 것은? (단, 동력제어반 정상위치 여부만 판단한다.)

유사문제
24년 문31
24년 문40
23년 문46
23년 문49
22년 문30
22년 문36
21년 문35
21년 문41
20년 문28
20년 문35
20년 문41

교재 2권
P.50

① 펌프 수동 기동, ×, 펌프 자동 기동불가
② 펌프 수동 기동, ○, 이상 없음
③ 펌프 자동 기동, ○, 이상 없음
④ 펌프 자동 기동, ×, 알 수 없음

해설

> 동력제어반 선택스위치가 자동이고, 기동램프가 점등되어 있으므로 동력제어반 상태는
> 자동기동, 점검결과 불량내용이 이상 없으므로 ○, 불량내용 이상 없음.

정답 ③

★★ 29

유사문제
23년 문47
22년 문48
21년 문36
20년 문47

실무교재
P.83

다음 조건을 보고 점검결과표를 작성(㉠~㉣순)한 것으로 옳은 것은? (단, 압력스위치의 단자는 고정되어 있으며, 옥상수조는 없다.)

- 조건 1 : 펌프 양정 80m
- 조건 2 : 가장 높이 설치된 헤드로부터 펌프 중심점까지의 낙차를 압력으로 환산한 값＝0.3MPa

점검 항목	점검내용	점검결과	
		결과	불량내용
기동용 수압 개폐장치	• 작동압력치의 적정 여부 • 주펌프 : 기동 (㉠) MPa 정지 (㉡) MPa	(㉢)	(㉣)

① ㉠ 0.3, ㉡ 0.8, ㉢ ○, ㉣ 기동 압력 미달
② ㉠ 1.1, ㉡ 0.8, ㉢ ×, ㉣ 없음
③ ㉠ 0.45, ㉡ 0.8, ㉢ ○, ㉣ 없음
④ ㉠ 1.1, ㉡ 0.3, ㉢ ×, ㉣ 기동 압력 미달

해설

> ㉠ 기동점＝자연낙차압+0.15MPa＝0.3MPa+0.15MPa＝0.45MPa
> ㉡ 정지점(양정)＝RANGE＝80m＝0.8MPa
> ㉢, ㉣ 기동점이 0.45MPa, 정지점이 0.8MPa이다. 스프링클러설비의 방수압은 기동압력 0.1~1.2MPa 이하이므로 결과는 '○', 불량내용 '없음'

구 분	스프링클러설비
방수압	0.1~1.2MPa 이하
방수량	80L/min 이상

기동점(기동압력)	정지점(양정, 정지압력)
기동점＝RANGE－DIFF ＝자연낙차압+0.15MPa	정지점＝RANGE

용어 **자연낙차압**

> 가장 높이 설치된 헤드로부터 펌프 중심점까지의 낙차를 압력으로 환산한 값

> **중요** 충압펌프 기동점
>
> 충압펌프 기동점＝주펌프 기동점+0.05MPa

😊정답 ③

★★★
30
유사문제
23년 문29
23년 문36
22년 문32

교재 2권
P.98

가스계 소화설비 점검 후 각 구성요소의 상태를 나타낸 것이다. 그림의 상태를 정상복구하는 방법으로 옳은 것은?

┃ 솔레노이드 및 조작동관 분리상태 ┃

㉠ 제어반 복구 → 제어반의 솔레노이드밸브 연동 정지
㉡ 솔레노이드밸브 복구
㉢ 솔레노이드밸브에 안전핀을 체결한 후 기동용기에 결합
㉣ 제어반 스위치의 연동상태 확인 후 솔레노이드밸브에서 안전핀 분리
㉤ 점검 전 분리했던 조작동관을 결합

① ㉠－㉣－㉢－㉡－㉤
② ㉠－㉢－㉡－㉤－㉣
③ ㉣－㉡－㉢－㉠－㉤
④ ㉠－㉡－㉢－㉣－㉤

해설 가스계 소화설비 점검 후 복구방법
(1) 제어반 복구 → 제어반의 솔레노이드밸브 연동 정지
(2) 솔레노이드밸브 복구
(3) 솔레노이드밸브에 안전핀을 체결한 후 기동용기에 결합
(4) 제어반 스위치의 연동상태 확인 후 솔레노이드밸브에서 안전핀 분리
(5) 점검 전 분리했던 조작동관을 결합

😊정답 ④

⭐⭐ 31

유사문제
24년 문35
23년 문50
22년 문45
22년 문49
21년 문37
21년 문49
20년 문32
20년 문48

교재 1권
PP.265
-266

그림은 일반인 구조자의 기본소생술 흐름도이다. 빈칸 ㉠의 절차에 대한 내용으로 옳지 않은 것은?

① ㉠에 필요한 장비는 자동심장충격기이다.
② ㉠의 장비는 2분마다 환자의 심전도를 자동으로 분석한다.
③ ㉠의 장비는 심장리듬 분석 후 심장충격이 필요한 경우에만 심장충격 버튼이 깜박인다.
④ ㉠은 반드시 여러 사람이 함께 사용하여야 한다.

해설

④ 여러 사람이 함께 사용 → 한 사람이 사용

▌ 일반인 구조자의 기본소생술 흐름도 ▌

자동심장충격기(AED) 사용방법

(1) 자동심장충격기를 심폐소생술에 방해가 되지 않는 위치에 놓은 뒤 전원버튼을 누른다.
(2) 환자의 상체를 노출시킨 다음 패드 포장을 열고 2개의 패드를 환자의 가슴에 붙인다.

(3) 패드는 **왼쪽 젖꼭지 아래의 중간겨드랑선**에 설치하고 **오른쪽 빗장뼈**(쇄골) 바로 **아래**에 붙인다.

‖ 패드의 부착위치 ‖

패드 1	패드 2
오른쪽 빗장뼈(쇄골) 바로 아래	왼쪽 젖꼭지 아래의 중간겨드랑선

‖ 패드 위치 ‖

(4) 심장충격이 필요한 환자인 경우에만 제세동(심장충격)버튼이 깜박이기 시작하며, 깜박일 때 심장충격버튼을 눌러 심장충격을 시행한다. 보기 ③

(5) 심장충격버튼을 누르기 전에는 반드시 주변사람 및 구조자가 환자에게서 떨어져
    누른 후에는 ✕
있는지 다시 한 번 확인한 후에 실시하도록 한다.

(6) 심장충격이 필요 없거나 심장충격을 실시한 이후에는 즉시 **심폐소생술**을 다시 시작한다.

(7) **2분**마다 심장리듬을 분석한 후 반복 시행한다. 보기 ②

(8) 반드시 한 사람이 사용해야 한다. 보기 ④

 ④

32 다음 중 소방안전관리자 현황표에 기입하지 않아도 되는 사항은?

교재 2권
P.231

① 소방안전관리자 현황표의 대상명
② 소방안전관리자의 선임일자
③ 소방안전관리대상물의 등급
④ 관계인의 인적사항

해설

> ④ 해당 없음

소방안전관리자 현황표 기입사항
(1) 소방안전관리자 현황표의 **대상명** 보기 ①
(2) 소방안전관리자의 **이름**
(3) 소방안전관리자의 **연락처**
(4) 소방안전관리자의 **선임일자** 보기 ②
(5) 소방안전관리대상물의 **등급** 보기 ③

정답 ④

★★★
33 다음은 수신기의 일부분이다. 그림과 관련된 설명 중 옳은 것은?

유사문제
24년 문28
24년 문29
24년 문30
24년 문37
24년 문44
24년 문46
24년 문47
24년 문50
23년 문38
22년 문46
20년 문26
20년 문33
20년 문44
20년 문49

교재 2권
PP.122
-123

① 수신기 스위치 상태는 정상이다. ② 예비전원을 확인하여 교체한다.
③ 수신기 교류전원에 문제가 발생했다. ④ 예비전원이 정상상태임을 표시한다.

해설

① 정상 → 비정상
스위치주의등이 점멸하고 있으므로 수신기 스위치 상태는 비정상이다. 스위치주의등이 점멸하고 있는 이유는 **지구경종정지스위치**가 눌러져 있기 때문이다.

② 예비전원 감시램프가 점등되어 있으므로 예비전원을 확인하여 교체한다.

③ 교류전원램프가 점등되어 있고 전압지시 정상램프가 점등되어 있으므로 수신기 교류전원에 문제가 없다.

④ 예비전원 감시램프가 점등되어 있으므로 예비전원이 정상상태가 아니다.

정답 ②

★★★

34

유사문제
23년 문16

교재 2권
P.24

바닥면적이 2000m²인 근린생활시설에 3단위 분말소화기를 비치하고자 한다. 소화기의 개수는 최소 몇 개가 필요한가? (단, 이 건물은 내화구조로서 벽 및 반자의 실내에 면하는 부분이 불연재료이다.)

① 3개   ② 4개
③ 5개   ④ 6개

 해설 **특정소방대상물별 소화기구의 능력단위기준**

특정소방대상물	소화기구의 능력단위	건축물의 주요구조부가 **내화구조**이고, 벽 및 반자의 실내에 면하는 부분이 **불연재료·준불연재료** 또는 **난연재료**로 된 특정소방대상물의 능력단위
• **위**락시설 공하성 기억법 위3(위상)	바닥면적 **30m²**마다 1단위 이상	바닥면적 **60m²**마다 1단위 이상
• **공**연장 • **집**회장 • **관**람장 • **문**화재 • **장**례식장 및 **의**료시설 공하성 기억법 5공연장 문의 집관람 (손오공 연장 문의 집관람)	바닥면적 **50m²**마다 1단위 이상	바닥면적 **100m²**마다 1단위 이상
• **근**린생활시설 ————→ • **판**매시설 • 운**수**시설 • **숙**박시설 • **노**유자시설 • **전**시장 • 공동**주**택(아파트 등) • **업**무시설(사무실 등) • **방**송통신시설 • 공장 • **창**고시설 • **항**공기 및 자동**차**관련시설, **관광**휴게시설 공하성 기억법 근판숙노전 주업방차창 1항 관광(근판숙노전 주업방차창 일본항 관광)	바닥면적 **100m²**마다 1단위 이상	바닥면적 **200m²**마다 1단위 이상
• 그 밖의 것	바닥면적 **200m²**마다 1단위 이상	바닥면적 **400m²**마다 1단위 이상

기출문제 2021

근린생활시설로서 **내화구조**이며, **불연재료**이므로 바닥면적 **200m²**마다 1단위 이상이다.

$$\frac{2000\text{m}^2}{200\text{m}^2} = 10\text{단위}$$

$$\frac{10\text{단위}}{3\text{단위}} = 3.3 ≒ 4\text{개(소수점 올림)}$$

비교		
소화기구의 능력단위 〔교재 2권〕 P.24		**소방안전관리보조자** 〔교재 1권〕 P.14
소수점 발생시 소수점을 올린다(**소수점 올림**).		소수점 발생시 소수점을 버린다(**소수점 내림**).

정답 ②

35

아래의 옥내소화전함을 보고 동력제어반의 모습으로 옳은 것을 보기(㉠~◎)에서 있는대로 고른 것은? (단, 주펌프는 기동상태, 충압펌프는 정지상태이다.)

동력 제어반	주펌프		
	기동표시등	정지표시등	펌프기동표시등
㉠	점등	소등	점등
㉡	소등	소등	점등
㉢	점등	점등	점등
㉣	점등	소등	소등

동력 제어반	충압펌프		
	기동표시등	정지표시등	펌프기동표시등
㉤	소등	점등	점등
㉥	소등	소등	소등
㉦	점등	소등	점등
◎	소등	점등	소등

┃ 옥내소화전함 ┃

① ㉠, ◎ ② ㉢, ㉥

③ ㉢, ㉦ ④ ㉠, ㉥

해설

주펌프 기동상태 〔보기 ㉠〕	충압펌프 정지상태 〔보기 ◎〕
① 기동표시등 : 점등	① 기동표시등 : 소등
② 정지표시등 : 소등	② 정지표시등 : 점등
③ 펌프기동표시등 : 점등	③ 펌프기동표시등 : 소등

발신기　경종　발신기 표시등

기동표시등

0.8~1.5m 이하

바닥

‖ 옥내소화전함 발신기세트 ‖

정답 ①

★★★
36 스프링클러설비의 압력챔버에서 주펌프 압력스위치를 나타낸 것이다. 그림에 대한 설명으로 옳지 않은 것은? (단, 옥상수조는 설치되어 있지 않다.)

유사문제
23년 문47
22년 문48
21년 문29
20년 문47

실무교재
P.83

PUMP			
구경	50mm	소요동력	5.5kW
토출량	0.2L/min	전양정	50m
베어링 앞	6306	극수	4극
베어링 뒤	6305	제조번호	1401226

‖ 스프링클러 주펌프 명판 ‖

‖ 주펌프 압력스위치 ‖

① 주펌프의 정지점은 0.5MPa이다.
② 가장 높이 설치된 헤드로부터 펌프 중심점까지의 낙차는 35m이다.
③ 주펌프의 기동점은 0.4MPa이다.
④ 주펌프의 기동점은 충압펌프의 기동점보다 0.05MPa 낮게 설정해야 한다.

해설
① 정지점=RANGE이므로 0.5MPa는 옳은 답
② 35m → 25m
자연낙차압 = 기동점-0.15MPa
= 0.4MPa-0.15MPa=0.25MPa=25m(1MPa=100m)
③ 기동점=RANGE-DIFF=0.5MPa-0.1MPa=0.4MPa
④ 충압펌프 기동점=주펌프 기동점+0.05MPa이므로 주펌프의 기동점은 충압펌프의 기동점보다 0.05MPa 낮게 설정해야 한다.

기동점(기동압력)	정지점(양정, 정지압력)
기동점＝RANGE－DIFF ＝자연낙차압+0.15MPa	정지점＝RANGE

> **용어** ▶ **자연낙차압**
> 가장 높이 설치된 헤드로부터 펌프 중심점까지의 낙차를 압력으로 환산한 값

정답 ②

★★ 37 자동심장충격기(AED) 패드 부착 위치로 옳은 것은?

유사문제
24년 문35
23년 문50
22년 문45
22년 문49
21년 문31
21년 문49
20년 문32
20년 문48

교재 1권
PP.265
-266

① ㉠, ㉢ ② ㉠, ㉣
③ ㉡, ㉢ ④ ㉡, ㉣

해설 **자동심장충격기(AED) 사용방법**
(1) 자동심장충격기를 심폐소생술에 방해가 되지 않는 위치에 놓은 뒤 전원버튼을 누른다.
(2) 환자의 상체를 노출시킨 다음 패드 포장을 열고 2개의 패드를 환자의 가슴에 붙인다.
(3) 패드는 **왼쪽 젖꼭지 아래의 중간겨드랑선**에 설치하고 **오른쪽 빗장뼈**(쇄골) 바로 **아래**에 붙인다.

‖ 패드의 부착위치 ‖

패드 1	패드 2
오른쪽 빗장뼈(쇄골) 바로 아래	왼쪽 젖꼭지 아래의 중간겨드랑선

‖ 패드 위치 ‖

(4) 심장충격이 필요한 환자인 경우에만 제세동 버튼이 깜박이기 시작하며, 깜박일 때 심장충격버튼을 눌러 심장충격을 시행한다.
(5) 심장충격버튼을 <u>누르기 전</u>에는 반드시 주변사람 및 구조자가 환자에게서 떨어져
    누른 후에는 ✕
 있는지 다시 한 번 확인한 후에 실시하도록 한다.

(6) 심장충격이 필요 없거나 심장충격을 실시한 이후에는 즉시 **심폐소생술**을 다시 시작한다.

(7) **2분**마다 심장리듬을 분석한 후 반복 시행한다.

정답 ②

38 다음 중 소방교육 및 훈련의 원칙에 해당되지 않는 것은?

유사문제
24년 문19

① 목적의 원칙   ② 교육자 중심의 원칙
③ 현실의 원칙   ④ 관련성의 원칙

교재 2권
PP.292
-293

해설

② 교육자 중심 → 학습자 중심

소방교육 및 훈련의 원칙

원 칙	설 명
현실의 원칙 보기 ③	• 학습자의 능력을 고려하지 않은 훈련은 비현실적이고 불완전하다.
학습자 중심의 원칙 보기 ②	• **한** 번에 한 가지씩 습득 가능한 분량을 교육 및 훈련시킨다. • **쉬운 것**에서 **어려운 것**으로 교육을 실시하되 기능적 이해에 비중을 둔다. • 학습자에게 감동이 있는 교육이 되어야 한다. 공하성 기억법 학한
동기부여의 원칙	• **교육의 중요성**을 **전달**해야 한다. • 학습을 위해 적절한 스케줄을 적절히 배정해야 한다. • 교육은 시기적절하게 이루어져야 한다. • 핵심사항에 교육의 포커스를 맞추어야 한다. • 학습에 대한 보상을 제공해야 한다. • 교육에 재미를 부여해야 한다. • 교육에 있어 다양성을 활용해야 한다. • 사회적 상호작용을 제공해야 한다. • 전문성을 공유해야 한다. • 초기성공에 대해 격려해야 한다.
목적의 원칙 보기 ①	• 어떠한 기술을 어느 정도까지 익혀야 하는가를 명확하게 제시한다. • 습득하여야 할 기술이 활동 전체에서 어느 위치에 있는가를 인식하도록 한다.
실습의 원칙	• **실습**을 통해 지식을 습득한다. • 목적을 생각하고, 적절한 방법으로 정확하게 하도록 한다.
경험의 원칙	• 경험했던 사례를 들어 현실감 있게 하도록 한다.
관련성의 원칙 보기 ④	• 모든 교육 및 훈련 내용은 **실무적**인 **접목**과 **현장성**이 있어야 한다.

공하성 기억법 현학동 목실경관교

정답 ②

39

유사문제
24년 문16
20년 문02

교재 2권
P.120

화재감지기가 (a), (b)와 같은 방식의 배선으로 설치되어 있다. (a), (b)에 대한 설명으로 옳지 않은 것은?

① (a)방식으로 설치된 선로를 도통시험할 경우 정상인지 단선인지 알 수 있다.
② (a)방식의 배선방식 목적은 독립된 실에 설치하는 감지기 사이의 단선 여부를 확인하기 위함이다.
③ (b)방식의 배선방식은 독립된 실내 감지기 선로단선시 도통시험을 통하여 감지기 단선 여부를 확인할 수 없다.
④ (b)방식의 배선방식을 송배선방식이라 한다.

해설
④ 이라 한다. → 이 아니다.
• (a)방식 : 송배선식(○), (b)방식 : 송배선식(×)
① 송배선식이므로 도통시험으로 정상인지 단선인지 알 수 있다. (○)
② 송배선식이므로 감지기 사이의 단선 여부를 확인할 수 있다. (○)
③ 송배선식이 아니므로 감지기 단선 여부를 확인할 수 없다. (○)

용어 송배선식 교재 2권 P.110
도통시험(선로의 정상연결 유무확인)을 원활히하기 위한 배선방식

정답 ④

40 다음 중 소화기를 점검하고 있다. 옳지 않은 것은?

양호
압력미달   과충전

– 총중량 : 3.3kg
– 주성분 : NH₄H₂PO₄
– 능력단위 : A3B5C
– 충전압력 : 0.9MPa(20℃)
– 제조연월 : 2005.11

① 축압식 분말소화기를 점검하고 있다.

② 금속화재에 적응성이 있다.

③ 0.7~0.98MPa 압력을 유지하고 있다.

④ 내용연수 초과로 소화기를 교체해야 한다.

해설

① 주성분 : $NH_4H_2PO_4$(제1인산암모늄)이므로 축압식 분말소화기이다.

▌소화약제 및 적응화재▐

적응화재	소화약제의 주성분	소화효과
BC급	탄산수소나트륨($NaHCO_3$)	• 질식효과 • 부촉매(억제)효과
	탄산수소칼륨($KHCO_3$)	
ABC급	제1인산암모늄($NH_4H_2PO_4$)	
BC급	탄산수소칼륨($KHCO_3$)+요소((NH_2)₂CO)	

② 있다. → 없다.

능력단위 : A 3 B 5 C 이므로 금속화재는 적응성이 없다.
　　　　　　일반화재 │　│
　　　　　　　유류화재 전기화재

참고 소화능력단위

A3, B5, C급 적응
│　│　│　│
일반　　전기
화재　　화재
3단위　　　사용가능
　유류
　화재
　5단위

③ 충전압력 : 0.9MPa이므로 0.7~0.98MPa 압력을 유지하고 있다.
- 용기 내 압력을 확인할 수 있도록 지시압력계가 부착되어 사용가능한 범위가 0.7~0.98MPa로 녹색으로 되어 있음

지시압력계
① 노란색(황색) : 압력부족
② 녹색 : 정상압력
③ 적색 : 정상압력 초과

‖ 소화기 지시압력계 ‖

‖ 지시압력계의 색표시에 따른 상태 ‖

노란색(황색)	녹 색	적 색
‖ 압력이 부족한 상태 ‖	‖ 정상압력 상태 ‖	‖ 정상압력보다 높은 상태 ‖

④ 제조연월 : 2005.11이고 내용연수는 10년이므로 2015년 11월까지가 유효기간이다. 내용연수 초과로 소화기를 교체하여야 한다.

분말소화기 vs 이산화탄소소화기

분말소화기	이산화탄소소화기
10년	내용연수 없음

정답 ②

★★★
41 옥내소화전설비의 동력제어반과 감시제어반을 나타낸 것이다. 옳지 않은 것은?

교재 2권
PP.50
-51

① 감시제어반은 정상상태로 유지·관리되고 있다.
② 동력제어반에서 주펌프 ON버튼을 누르면 주펌프는 기동하지 않는다.
③ 감시제어반에서 주펌프 스위치를 기동위치로 올리면 주펌프는 기동한다.
④ 동력제어반에서 충압펌프를 자동위치로 돌리면 모든 제어반은 정상상태가 된다.

해설

① 감시제어반 선택스위치 : 자동, 주펌프 : 정지, 충압펌프 : 정지상태이므로 감시제어반은 정상상태이므로 옳다.
② 주펌프 선택스위치가 자동이므로 ON버튼을 눌러도 주펌프는 기동하지 않으므로 옳다.
③ 기동한다. → 기동하지 않는다.
  감시제어반에서 주펌프 스위치만 기동으로 올리면 주펌프는 기동하지 않는다. 감시제어반 선택스위치를 수동으로 올리고 주펌프 기동스위치를 눌러야 주펌프는 기동한다.
④ 동력제어반에서 충압펌프 스위치를 자동위치로 돌리면 모든 제어반은 정상상태가 되므로 옳다.

┃정상상태┃

동력제어반	감시제어반
주펌프 선택스위치 : 자동 • 주펌프 ON 램프 : 소등 • 주펌프 OFF 램프 : 점등 충압펌프 선택스위치 : 자동 • 충압펌프 ON 램프 : 소등 • 충압펌프 OFF 램프 : 점등	선택스위치 : 자동 • 주펌프 : 정지 • 충압펌프 : 정지

정답 ③

★★
42 부속실 제연설비 중 급기댐퍼가 개방되는 경우로 옳은 것만 모두 고른 것은?

유사문제
24년 문27
23년 문30
23년 문48
21년 문26
20년 문27

실무교재
PP.96
-98

ⓐ 감지기 동작확인등 점등
ⓑ 발신기 누름스위치 누름
ⓒ 감시제어반 급기댐퍼 수동기동
ⓓ 댐퍼 수동기동장치 누름

① ㉠, ㉢
② ㉡, ㉣
③ ㉠, ㉡, ㉣
④ ㉠, ㉡, ㉢, ㉣

해설 급기댐퍼가 개방되는 경우

자 동	수 동
• 감지기 동작확인등 점등	• 발신기 누름스위치 누름
	• 감시제어반 급기댐퍼 수동기동
	• 댐퍼 수동기동장치 누름

정답 ④

★★★
43 성인심폐소생술 중 가슴압박 시행에 해당하는 내용으로 옳은 것은?

유사문제
24년 문35
23년 문37
23년 문43
23년 문50
20년 문38
20년 문43
20년 문48

교재 1권
P.263

① 구조자는 깍지를 낀 두 손의 손바닥 앞꿈치를 가슴뼈(흉골)의 아래쪽 절반 부위에 댄다.
② 양팔을 쭉 편 상태로 체중을 실어서 환자의 몸과 수평이 되도록 가슴을 압박한다.
③ 가슴압박은 분당 100~120회의 속도와 5cm 깊이로 강하고 빠르게 시행한다.
④ 가슴압박시 갈비뼈가 압박되어 부러질 정도로 강하게 실시한다.

해설
① 앞꿈치 → 뒤꿈치
② 수평 → 수직
④ 갈비뼈가 압박되어 부러질 정도로 강하게 실시하면 안된다.

∥심폐소생술의 진행∥

구 분	설 명 보기 ③
속 도	분당 100~120회
깊 이	약 5cm(소아 4~5cm)

정답 ③

기출문제
2021

44 소방계획의 주요 내용이 아닌 것은?

교재 2권
P.184

① 화재예방을 위한 자체점검계획 및 대응대책
② 소방훈련 및 교육에 관한 계획
③ 화재안전조사에 관한 사항
④ 위험물의 저장·취급에 관한 사항

해설

 ③ 해당 없음

소방안전관리대상물의 소방계획의 주요 내용
(1) 소방안전관리대상물의 위치·구조·연면적·용도 및 수용인원 등 일반 현황
(2) 소방안전관리대상물에 설치한 소방시설·방화시설·전기시설·가스시설 및 위험물 시설의 현황
(3) 화재예방을 위한 **자체점검계획** 및 **대응대책** [보기 ①]
(4) **소방시설**·피난시설 및 방화시설의 **점검·정비계획**
(5) 피난층 및 피난시설의 위치와 피난경로의 설정, 화재안전취약자의 피난계획 등을 포함한 피난계획
(6) **방화구획**, 제연구획, 건축물의 내부 마감재료 및 방염대상물품의 사용현황과 그 밖의 방화구조 및 설비의 유지·관리계획
(7) **소방훈련** 및 **교육**에 관한 계획 [보기 ②]
(8) 소방안전관리대상물의 근무자 및 거주자의 **자위소방대** 조직과 대원의 임무(화재안전취약자의 피난보조임무를 포함)에 관한 사항
(9) **화기취급작업**에 대한 사전 안전조치 및 감독 등 공사 중 소방안전관리에 관한 사항
(10) **소화**와 **연소 방지**에 관한 사항
(11) **위험물**의 저장·취급에 관한 사항 [보기 ④]
(12) 소방안전관리에 대한 업무수행에 관한 기록 및 유지에 관한 사항
(13) 화재발생시 화재경보 **초기소화** 및 **피난유도** 등 초기대응에 관한 사항
(14) 그 밖에 소방안전관리를 위하여 **소방본부장** 또는 **소방서장**이 소방안전관리대상물의 위치·구조·설비 또는 관리상황 등을 고려하여 소방안전관리에 필요하여 요청하는 사항

정답 ③

★★ 45 (a)와 (b)에 대한 설명으로 옳지 않은 것은?

유사문제
24년 문28
23년 문44
22년 문28
22년 문39

교재 2권
P.115

(a)

(b)

① (a)의 감지기는 할로겐 열시험기로 작동시킬 수 없다.

② (a)의 감지기는 2층에 설치되어 있다.

③ 2층에 화재가 발생했기 때문에 (b)의 발신기표시등에도 램프가 점등되어야 한다.

④ (a)의 상태에서 (b)의 상태는 정상이다.

> **해설**
> ① 연기감지기 시험기이므로 열감지기시험기로 작동시킬 수 없다. (○)
> ② (a)에서 2F(2층)이라고 했으므로 옳다. (○)
> ③ 점등되어야 한다. → 점등되지 않아야 한다.
>   (a)가 연기감지기 시험기이므로 감지기가 작동되기 때문에 발신기램프는 점등되지 않아야 한다.
> ④ (a)에서 2F(2층) 연기감지기 시험이므로 (b)에서 2층 램프가 점등되었으므로 정상이다. (○)

2층   연기감지기 시험기

2층 지구표시등

정답 ③

★★
46 축압식 분말소화기의 점검결과 중 불량내용과 관련이 없는 것은?

유사문제
23년 문26
23년 문33
23년 문39
22년 문35
20년 문40

교재 2권
PP.28
-29

①

②

③

④

해설

① 이산화탄소소화설비 · 할론소화설비 소화기이므로 축압식 소화기와는 관련이 없다.
② 축압식 분말소화기 호스 탈락
③ 축압식 분말소화기 호스 파손
④ 축압식 분말소화기 압력이 높은 상태

(1) 호스 · 혼 · 노즐

‖ 호스 파손 ‖

‖ 호스 탈락 ‖

‖ 노즐 파손 ‖

‖ 혼 파손 ‖

(2) 지시압력계
① 노란색(황색) : 압력부족
② 녹색 : 정상압력
③ 적색 : 정상압력 초과

노란색
(황색) 녹색 적색

‖ 소화기 지시압력계 ‖

- 용기 내 압력을 확인할 수 있도록 지시압력계가 부착되어 사용 가능한 범위가 0.7~0.98MPa로 녹색으로 되어 있음

‖ 지시압력계의 색표시에 따른 상태 ‖

노란색(황색)	녹 색	적 색
‖ 압력이 부족한 상태 ‖	‖ 정상압력 상태 ‖	‖ 정상압력보다 높은 상태 ‖

정답 ①

★★★
47 그림은 옥내소화전설비의 방수압력 측정방법이다. ( ) 안에 들어갈 내용으로 옳은 것은?

유사문제
24년 문32
24년 문39
23년 문34
22년 문47
20년 문29
20년 문46

교재 2권
P.37,
P.49

측정거리 : (B)

점검공기구 : (A)

적정압력 : (C)

① (A) 레벨메타, (B) 노즐구경의 $\frac{1}{3}$, (C) 0.25~0.7MPa

② (A) 방수압력측정계, (B) 노즐구경의 $\frac{1}{2}$, (C) 0.17~0.7MPa

③ (A) 레벨메타, (B) 노즐구경의 $\frac{1}{2}$, (C) 0.17~0.7MPa

④ (A) 방수압력측정계, (B) 노즐구경의 $\frac{1}{3}$, (C) 0.1~1.2MPa

해설 **옥내소화전 방수압력 측정**

(1) 측정장치 : 방수압력측정계(피토게이지)

(2)

방수량	방수압력
130L/min	0.17~0.7MPa 이하 보기 ②

(3) 방수압력 측정방법 : 방수구에 호스를 결속한 상태로 노즐의 선단에 방수압력측정계(피토게이지)를 근접 $\left(\dfrac{D}{2}\right)$ 시켜서 측정하고 방수압력측정계의 압력계상의 눈금을 확인한다.

∥ 방수압력 측정 ∥

정답 ②

48 다음 보기를 참고하여 습식 스프링클러설비의 작동순서를 올바르게 나열한 것은 어느 것인가?

유사문제
24년 문26
23년 문21
23년 문35
20년 문42
20년 문50

교재 2권
P.69

⊙ 화재발생
ⓛ 2차측 배관압력 저하
ⓒ 헤드 개방 및 방수
ⓔ 1차측 압력에 의해 습식 유수검지장치의 클래퍼 개방
ⓜ 습식 유수검지장치의 압력스위치 작동 → 사이렌 경보, 감시제어반의 화재표시등, 밸브개방표시등 점등
ⓗ 배관 내 압력저하로 기동용 수압개폐장치의 압력스위치 작동 → 펌프기동

① ⊙ → ⓛ → ⓒ → ⓔ → ⓜ → ⓗ
② ⊙ → ⓒ → ⓛ → ⓔ → ⓜ → ⓗ
③ ⊙ → ⓔ → ⓜ → ⓒ → ⓛ → ⓗ
④ ⊙ → ⓜ → ⓛ → ⓒ → ⓔ → ⓗ

해설 **습식 스프링클러설비의 작동순서**

(1) **화**재발생 보기 ⊙
(2) **헤**드 개방 및 방수 보기 ⓒ
(3) **2**차측 배관압력 저하 보기 ⓛ
(4) **1**차측 압력에 의해 습식 유수검지장치의 클래퍼 개방 보기 ⓔ
(5) **습**식 유수검지장치의 압력스위치 작동 → 사이렌 경보, 감시제어반의 화재표시등, 밸브개방표시등 점등 보기 ⓜ

(6) 배관 내 압력저하로 기동용 수압개폐장치의 압력스위치 작동 → 펌프기동 보기 ⓑ

공하성 기억법 화헤 21습배

정답 ②

★★★ 49 다음 중 자동심장충격기(AED)의 사용방법(순서로) 옳은 것은?

유사문제
24년 문35
23년 문50
22년 문45
22년 문49
21년 문31
21년 문37
20년 문32
20년 문48

ⓐ 전원켜기　　ⓑ 2개의 패드 부착　　ⓒ 심장리듬 분석 및 심장충격 실시　　ⓓ 심폐소생술 시행

교재 1권 PP.265 -266

① ⓐ-ⓑ-ⓒ-ⓓ　　② ⓐ-ⓑ-ⓓ-ⓒ
③ ⓑ-ⓐ-ⓓ-ⓒ　　④ ⓑ-ⓐ-ⓒ-ⓓ

해설

 ➡ ➡ ➡

ⓐ 전원켜기　　ⓑ 2개의 패드 부착　　ⓒ 심장리듬 분석 및 심장충격 실시　　ⓓ 심폐소생술 시행

정답 ①

★★ 50 그림의 시험밸브함을 열어 밸브 개방시 측정되어야 할 정상압력(MPa) 범위로 옳은 것은?

교재 2권 P.67

① 0.1MPa 이상 1.2MPa 이하　　② 0.17MPa 이상 0.7MPa 이하
③ 0.25MPa 이상 0.7MPa 이하　　④ 0.7MPa 이상 0.98MPa 이하

해설 스프링클러설비 : 시험밸브함은 스프링클러설비(습식·건식)에 사용

구 분	스프링클러설비
방수압	0.1~1.2MPa 이하 보기 ①
방수량	80L/min 이상

정답 ①

제 ① 과목

01 주요구조부가 내화구조인 4m 미만의 소방대상물의 제1종 정온식 스포트형 감지기의 설치유효면적은?

교재 2권
P.109

① 60m²
② 70m²
③ 80m²
④ 90m²

해설 **자동화재탐지설비**의 **부착높이** 및 **감지기** 1개의 **바닥면적**

(단위 : m²)

부착높이 및 소방대상물의 구분		감지기의 종류						
		차동식 스포트형		보상식 스포트형		정온식 스포트형		
		1종	2종	1종	2종	특종	1종	2종
4m 미만	주요구조부를 내화구조로 한 소방대상물 또는 그 부분	90	70	90	70	70	60	20
	기타구조의 소방대상물 또는 그 부분	50	40	50	40	40	30	15
4m 이상 8m 미만	주요구조부를 내화구조로 한 소방대상물 또는 그 부분	45	35	45	35	35	30	–
	기타구조의 소방대상물 또는 그 부분	30	25	30	25	25	15	–

공하성 기억법

```
차      보      정
97     97     762
54     54     43①
④③    ④③    ③3
3②     3②     ②①
```

※ 동그라미로 표시한 것은 뒤에 5가 붙음

정답 ①

02 도통시험을 용이하게 하기 위한 감지기 회로의 배선방식은?

유사문제
24년 문16
21년 문39
출제연도
문제
교재 2권
PP.110
-111

유사문제부터
풀어보세요.
실력이 팍!팍!
올라갑니다.

① 송배선식   ② 비접지 배선방식
③ 3선식 배선방식   ④ 교차회로 배선방식

해설 **송배선식**
도통시험(선로의 정상연결 여부 확인)을 원활히 하기 위한 배선방식

∥송배선식∥

정답 ①

03 비화재보의 원인과 대책으로 옳지 않은 것은?

교재 2권
PP.129
-130

① 원인 : 천장형 온풍기에 밀접하게 설치된 경우
    대책 : 기류흐름 방향 외 이격·설치
② 원인 : 담배연기로 인한 연기감지기 동작
    대책 : 흡연구역에 환풍기 등을 설치
③ 원인 : 청소불량(먼지 또는 분진)에 의한 감지기 오동작
    대책 : 내부 먼지 제거 후 복구스위치 누름 또는 감지기를 교체
④ 원인 : 주방에 비적응성 감지기가 설치된 경우
    대책 : 적응성 감지기(차동식 감지기)로 교체

해설
④ 차동식 → 정온식

비화재보의 원인과 대책

주요 원인	대 책
주방에 '**비적응성 감지기**'가 설치된 경우 보기 ④	적응성 감지기(정온식 감지기 등)로 교체
'**천장형 온풍기**'에 밀접하게 설치된 경우 보기 ①	기류흐름 방향 외 이격설치
담배연기로 인한 연기감지기 동작 보기 ②	흡연구역에 환풍기 등 설치
청소불량(먼지·분진)에 의한 감지기 오동작 보기 ③	내부 먼지 제거 후 복구스위치 누름 또는 감지기 교체

정답 ④

기출문제 2020

04 비상방송설비에 대한 설명으로 옳지 않은 것은?

교재 2권
PP.132
-133

① 스피커 음성입력은 실내에서 1W 이상, 실외 또는 일반적인 장소에서 3W 이상이어야 한다.
② 스피커는 각 층마다 설치하되 수평거리 25m 이하가 되도록 설치하여야 한다.
③ 화재발생 방송개시시간은 10초 이하이다.
④ 조작부는 바닥으로부터 2m 이상 2.5m 이하의 장소에 설치하여야 한다.

해설

> ④ 2m 이상 2.5m 이하 → 0.8m 이상 1.5m 이하

비상방송설비의 설치기준
(1) 스피커의 음성입력은 실외 또는 일반적인 장소에서 **3W(실내 1W)** 이상일 것 보기 ①
(2) 스피커는 **각 층**마다 설치하되, 각 부분으로부터의 수평거리는 **25m** 이하일 것 보기 ②
(3) 조작부는 바닥으로부터 **0.8~1.5m** 이하의 높이에 설치할 것 보기 ④
(4) 비상방송 **개**시시간은 **10초** 이하일 것 보기 ③

공하성 기억법 방3실1, 개10방

정답 ④

 05 다음 중 3층인 노유자시설에 적합하지 않은 피난기구는?

유사문제
24년 문18
24년 문21

① 미끄럼대   ② 구조대
③ 피난교   ④ 완강기

교재 2권
P.140

해설 **피난기구의 적응성**

설치 장소별 구분 \ 층별	1층	2층	3층	4층 이상 10층 이하
노유자시설	• 미끄럼대 • 구조대 • 피난교 • 다수인 피난장비 • 승강식 피난기	• 미끄럼대 • 구조대 • 피난교 • 다수인 피난장비 • 승강식 피난기	• 미끄럼대 보기 ① • 구조대 보기 ② • 피난교 보기 ③ • 다수인 피난장비 • 승강식 피난기	• 구조대[1] • 피난교 • 다수인 피난장비 • 승강식 피난기
의료시설 · 입원실이 있는 의원 · 접골원 · 조산원	설치 제외	설치 제외	• 미끄럼대 • 구조대 • 피난교 • 피난용 트랩 • 다수인 피난장비 • 승강식 피난기	• 구조대 • 피난교 • 피난용 트랩 • 다수인 피난장비 • 승강식 피난기

기출문제 2020

설치 장소별 구분 ＼ 층별	1층	2층	3층	4층 이상 10층 이하
영업장의 위치가 4층 이하인 다중이용업소	설치 제외	• 미끄럼대 • 피난사다리 • 구조대 • 완강기 • 다수인 피난장비 • 승강식 피난기	• 미끄럼대 • 피난사다리 • 구조대 • 완강기 • 다수인 피난장비 • 승강식 피난기	• 미끄럼대 • 피난사다리 • 구조대 • 완강기 • 다수인 피난장비 • 승강식 피난기
그 밖의 것	설치 제외	설치 제외	• 미끄럼대 • 피난사다리 • 구조대 • 완강기 • 피난교 • 피난용 트랩 • 간이완강기[2] • 공기안전매트[2] • 다수인 피난장비 • 승강식 피난기	• 피난사다리 • 구조대 • 완강기 • 피난교 • 간이완강기[2] • 공기안전매트[2] • 다수인 피난장비 • 승강식 피난기

주 1) **구조대**의 적응성은 장애인관련시설로서 주된 사용자 중 스스로 피난이 불가한 자가 있는 경우 추가로 설치하는 경우에 한한다.

2) 간이완강기의 적응성은 **숙박시설**의 **3층 이상**에 있는 객실에, **공기안전매트**의 적응성은 **공동주택**에 추가로 설치하는 경우에 한한다.

정답 ④

★★★
06 객석통로의 직선부분의 길이가 70m인 경우 객석유도등의 최소 설치개수는?

유사문제
22년 문04
① 14개   ② 15개
③ 16개   ④ 17개

교재 2권
P.153
해설 **객석유도등 산정식**

$$객석유도등 \ 설치개수 = \frac{객석통로의 \ 직선부분의 \ 길이[m]}{4} - 1(소수점 \ 올림)$$

$$\therefore \ \frac{70}{4} - 1 = 16.5 ≒ 17개(소수점 \ 올림)$$

정답 ④

★★★
07 소화수조의 소요수량이 80m³일 때, 채수구의 최소 설치개수는?

교재 2권
P.162

① 1개   ② 2개

③ 3개   ④ 4개

해설 **채수구**

소요수량	20~40m³ 미만	40~100m³ 미만	100m³ 이상
채수구의 수	1개	2개 보기 ②	3개

> 용어 **채수구**
> 소방차의 소방호스와 연결되는 흡입구로 저장되어 있는 물을 소방차에 주입하기 위한 구멍

정답 ②

★★★
08 다음 중 부속실 제연설비의 방연풍속의 기준이 다른 하나는 무엇인가?

유사문제
24년 문25

교재 2권
P.167

① 계단실 및 부속실을 동시에 제연하는 경우

② 계단실만 단독으로 제연하는 경우

③ 부속실이 면하는 옥내가 거실인 경우

④ 부속실이 면하는 옥내가 복도로 그 구조가 방화구조인 경우

해설 **방연풍속**

제연구역		방연풍속
계단실 및 그 부속실을 동시에 제연하는 것 또는 계단실만 단독으로 제연하는 것		0.5m/s 이상 보기 ①②
부속실만 단독으로 제연하는 것 또는 비상용 승강기의 승강장만 단독으로 제연하는 것	부속실 또는 승강장이 면하는 옥내가 거실인 경우	0.7m/s 이상 보기 ③
	부속실 또는 승강장이 면하는 옥내가 복도로서 그 구조가 방화구조(내화시간이 **30분** 이상인 구조 포함)인 것	0.5m/s 이상 보기 ④

정답 ③

★
09 응급처치의 중요성이 아닌 것은?

교재 1권
P.255

① 지병의 예방과 치유   ② 환자의 고통을 경감

③ 치료기간 단축   ④ 긴급한 환자의 생명 유지

해설 **응급처치의 중요성**

(1) 긴급한 환자의 **생명 유지** 보기 ④

(2) 환자의 **고통**을 **경감** 보기 ②

(3) 위급한 부상부위의 응급처치로 **치료기간 단축** 보기 ③

(4) 현장처치의 원활화로 의료비 절감

정답 ①

★★★
10 다음 어느 하나에 해당하는 지역 또는 장소에서 연막소독을 실시하려는 자가 관할
교재 1권 소방본부장 또는 소방서장에게 신고하지 아니하여도 되는 곳은?
P.25
① 시장지역
② 석유화학제품을 생산하는 공장이 있는 지역
③ 위험물의 저장 및 처리시설이 있는 지역
④ 소방시설·소방용수시설 또는 소방출동로가 없는 지역

해설

④ 화재예방강화지구의 지정지역

화재로 오인할 만한 불을 피우거나 연막소독시 신고지역
(1) **시장**지역 보기 ①
(2) **공장·창고**가 밀집한 지역
(3) **목조건물**이 밀집한 지역
(4) **위험물**의 **저장** 및 **처리시설**이 **밀집**한 지역 보기 ③
(5) **석유화학제품**을 생산하는 공장이 있는 지역 보기 ②
(6) 그 밖에 **시·도**의 **조례**로 정하는 지역 또는 장소

비교
화재예방강화지구의 지정지역 교재1권 P.38
1. 시장지역
2. 공장·창고 등이 밀집한 지역
3. 목조건물이 밀집한 지역
4. 노후·불량건축물이 밀집한 지역
5. 위험물의 저장 및 처리시설이 밀집한 지역
6. 석유화학제품을 생산하는 공장이 있는 지역
7. 소방시설·소방용수시설 또는 소방출동로가 없는 지역 보기 ④
8. 산업입지 및 개발에 관한 법률에 따른 산업단지
9. 물류시설의 개발 및 운영에 관한 법률에 따른 물류단지
10. 소방청장, 소방본부장 또는 소방서장이 화재예방강화지구로 지정할 필요가
   있다고 인정하는 지역

정답 ④

 ★
11 다음 중 건축물의 기둥, 보, 내력벽, 주계단 등의 구조나 외부형태를 수선·변경하
유사문제 거나 증설하는 것으로서 대통령령으로 정하는 것이 아닌 것은?
23년 문02
① 다세대주택의 경계벽을 증설하여 2세대로 분리하는 경우
교재 1권 ② 건물의 외벽에 사용하는 마감재료를 증설·해체하는 경우
P.132
③ 보를 증설하는 경우
④ 옥외계단을 수선 또는 변경하는 경우

④ 옥외계단 → 주계단·피난계단 또는 특별피난계단

대수선의 범위

(1) **내력벽**을 증설 또는 해체하거나 그 벽면적을 **30m²** 이상 수선 또는 변경하는 것
(2) **기둥**을 증설 또는 해체하거나 **3개** 이상 수선 또는 변경하는 것
(3) **보**를 증설 또는 해체하거나 **3개** 이상 수선 또는 변경하는 것 [보기 ③]
(4) **지붕틀**(한옥의 경우에는 지붕틀의 범위에서 서까래 제외)을 증설 또는 해체하거나 **3개** 이상 수선 또는 변경하는 것
(5) 방화벽 또는 방화구획을 위한 바닥 또는 벽을 증설 또는 해체하거나 수선 또는 변경하는 것
(6) 주계단·피난계단 또는 특별피난계단을 증설 또는 해체하거나 수선 또는 변경하는 것 [보기 ④]
(7) 다가구주택의 가구 간 경계벽 또는 다세대주택의 세대 간 경계벽을 증설 또는 해체하거나 수선 또는 변경하는 것 [보기 ①]
(8) 건축물의 외벽에 사용하는 **마감재료**를 증설 또는 해체하거나 벽면적 **30m²** 이상 수선 또는 변경하는 것 [보기 ②]

> 용어 ╲ **대수선**
>
> 건축물의 기둥, 보, 내력벽, 주계단 등의 구조나 외부형태를 수선·변경하거나 증설하는 것으로서 대통령령으로 정하는 것

정답 ④

 ★★★

12 다음 중 무창층의 요건이 아닌 것은?

 유사문제 22년 문06

① 크기는 지름 50cm 이하의 원이 통과할 수 있을 것
② 해당층의 바닥면으로부터 개구부 밑부분까지의 높이가 1.2m 이내일 것

 교재 1권 PP.53 -54

③ 도로 또는 차량이 진입할 수 있는 빈터를 향할 것
④ 내부 또는 외부에서 쉽게 부수거나 열 수 있을 것

> 해설 ① 50cm 이하 → 50cm 이상

무창층
지상층 중 다음에 해당하는 개구부면적의 합계가 그 층의 바닥면적의 $\frac{1}{30}$ 이하가 되는 층을 말한다.

(1) 크기는 지름 **50cm** 이상의 원이 통과할 수 있을 것 [보기 ①]
(2) 해당층의 바닥면으로부터 개구부 밑부분까지의 높이가 **1.2m** 이내일 것 [보기 ②]
(3) **도로** 또는 **차량**이 진입할 수 있는 **빈터**를 향할 것 [보기 ③]
(4) 화재시 건축물로부터 쉽게 **피난**할 수 있도록 개구부에 **창살**이나 그 밖의 장애물이 설치되지 않을 것
(5) 내부 또는 외부에서 **쉽게 부수거나 열** 수 있을 것 [보기 ④]

정답 ①

13 다음 중 층수가 17층인 오피스텔의 소방안전관리대상물과 기준이 다른 것은?

유사문제
24년 문06
22년 문12
20년 문14
20년 문24

교재 1권
P.12

① 30층 이상(지하층 포함)인 아파트
② 지상으로부터 높이가 120m 이상인 아파트
③ 연면적 15000m² 이상인 특정소방대상물(아파트 제외)
④ 가연성 가스를 1000톤 이상 저장·취급하는 시설

해설

> ① 지하층 포함 → 지하층 제외

소방안전관리자 및 소방안전관리보조자를 선임하는 특정소방대상물

소방안전관리대상물	특정소방대상물
특급 소방안전관리대상물 (동식물원, 철강 등 불연성 물품 저장·취급창고, 지하구, 위험물제조소 등 제외)	• **50층** 이상(지하층 제외) 또는 지상 **200m** 이상 **아파트** • **30층** 이상(지하층 포함) 또는 지상 **120m** 이상(아파트 제외) • 연면적 **100000m²** 이상(아파트 제외)
1급 소방안전관리대상물 (동식물원, 철강 등 불연성 물품 저장·취급창고, 지하구, 위험물제조소 등 제외)	• **30층** 이상(지하층 제외) 또는 지상 **120m** 이상 **아파트** 보기 ① ② → • 연면적 **15000m²** 이상인 것(아파트 및 연립주택 제외) 보기 ③ • **11층** 이상(아파트 제외) • 가연성 가스를 **1000톤** 이상 저장·취급하는 시설 보기 ④
2급 소방안전관리대상물	• 지하구 • 가스제조설비를 갖추고 도시가스사업 허가를 받아야 하는 시설 또는 가연성 가스를 **100톤 이상 1000톤** 미만 저장·취 급하는 시설 • **옥내소화전설비, 스프링클러설비** 설치대상물 • **물분무등소화설비**(호스릴방식 제외) 설치대상물 • 공동주택(옥내소화전설비 또는 스프링클러설비가 설치된 공동주택에 한함) • 목조건축물(국보·보물)
3급 소방안전관리대상물	• **자동화재탐지설비** 설치대상물 • **간이스프링클러설비**(주택전용 제외) 설치대상물

> • 17층으로서 11층 이상(아파트 제외)이므로 1급 소방안전관리대상물

정답 ①

14 20000m² 특정소방대상물의 소방안전관리 선임자격이 없는 사람은? (단, 해당 소방안전관리자 자격증을 받은 경우이다.)

유사문제
24년 문06
24년 문07
22년 문12
21년 문01
20년 문13
20년 문24

교재 1권
P.12

① 소방설비기사의 자격이 있는 사람
② 소방설비산업기사의 자격이 있는 사람
③ 소방공무원으로서 7년 이상 근무한 경력이 있는 사람
④ 2급 소방안전관리대상물의 소방안전관리자 자격이 인정되는 사람

④ 2급 → 1급

1급 소방안전관리대상물
(1) 소방안전관리자 및 소방안전관리보조자를 선임하는 특정소방대상물

소방안전관리대상물	특정소방대상물
1급 소방안전관리대상물 (동식물원, 철강 등 불연성 물품 저장 · 취급창고, 지하구, 위험물제조소 등 제외)	• 30층 이상(지하층 제외) 또는 지상 120m 이상 아파트 • 연면적 15000m² 이상인 것(아파트 및 연립주택 제외) • 11층 이상(아파트 제외) • 가연성 가스를 1000톤 이상 저장 · 취급하는 시설

(2) 1급 소방안전관리대상물의 소방안전관리자 선임조건

자 격	경 력	비 고
• 소방설비기사 · 소방설비산업기사	경력 필요 없음	1급 소방안전관리자 자격증을 받은 사람
• 소방공무원	7년	
• 소방청장이 실시하는 1급 소방안전관리대상물의 소방안전관리에 관한 시험에 합격한 사람	경력 필요 없음	
• 특급 소방안전관리대상물의 소방안전관리자 자격이 인정되는 사람		

 정답 ④

15 소방안전관리업무를 대행할 수 있는 사항으로 옳지 않은 것은?

교재 1권
P.42

① 대통령령으로 정하는 소방안전관리대상물은 1급 소방안전관리대상물 중 연면적 15000m² 미만인 특정소방대상물로서 층수가 11층 미만인 특정소방대상물(아파트는 제외)
② 대통령령으로 정하는 소방안전관리대상물은 2 · 3급 소방안전관리대상물
③ 대통령령으로 정하는 업무는 피난시설, 방화구획 및 방화시설의 관리
④ 대통령령으로 정하는 업무는 소방시설이나 그 밖의 소방관련시설의 관리

> **해설**
>
> ① 11층 미만 → 11층 이상

소방안전관리의 업무대행

대통령령으로 정하는 소방안전관리대상물	대통령령으로 정하는 업무
① 1급 소방안전관리대상물 중 연면적 **15000㎡** **미만**인 특정소방대상물로서 층수가 **11층 이상**인 특정소방대상물(아파트 제외) 보기 ① ② 2·3급 소방안전관리대상물	① **피난시설, 방화구획** 및 방화시설의 관리 ② **소방시설**이나 그 밖의 소방관련시설의 관리

> **용어**
>
> | 소방안전관리대상물 | 특정소방대상물 |
> |---|---|
> | 소방안전관리자를 선임하여야 하는 특정소방대상물 | 다수인이 출입하는 곳으로서 소방시설 설치장소 |

정답 ①

16

유사문제
22년 문14
20년 문23

교재 1권
PP.39
-40

어떤 특정소방대상물에 소방안전관리자를 선임 중 2019년 7월 1일 소방안전관리자를 해임하였다. 해임한 날부터 며칠 이내에 선임하여야 하고 소방안전관리자를 선임한 날부터 며칠 이내에 관할 소방서장에게 신고하여야 하는지 옳은 것은?

① 선임일 : 2019년 7월 14일, 선임신고일 : 2019년 7월 25일
② 선임일 : 2019년 7월 20일, 선임신고일 : 2019년 8월 10일
③ 선임일 : 2019년 8월 1일, 선임신고일 : 2019년 8월 15일
④ 선임일 : 2019년 8월 1일, 선임신고일 : 2019년 8월 30일

> **해설** **소방안전관리자의 선임신고**
>
> | 선 임 | 선임신고 | 신고대상 |
> |---|---|---|
> | **30일** 이내 | **14일** 이내 | 관할소방서장 |
>
> 해임한 날이 2019년 7월 1일이고 해임한 날(다음 날)부터 **30일** 이내에 소방안전관리자를 선임하여야 하므로 선임일은 7월 14일, 7월 20일은 맞고, 8월 1일은 31일이 되므로 틀리다(7월달은 31일까지 있기 때문이다). 하지만 **선임신고일**은 선임한 날(다음 날)부터 **14일** 이내이므로 2019년 7월 25일만 해당이 되고, 나머지 ②, ④는 선임한 날부터 14일이 넘고 ③은 14일이 넘지는 않지만 선임일이 30일이 넘으므로 답은 ①번이 된다.
>
> ● '해임한 날부터', '선임한 날부터'라는 말은 '해임한 날 다음 날부터', '선임한 날 다음 날부터' 세는 것을 의미한다.

정답 ①

17

유사문제
21년 문21

교재 1권
P.63

건축물 사용승인일이 2019년 5월 1일이라면 종합점검 시기와 작동점검 시기를 순서 대로 맞게 말한 것은?

① 종합점검 시기 : 5월 15일, 작동점검 시기 : 11월 1일
② 종합점검 시기 : 5월 15일, 작동점검 시기 : 12월 1일
③ 종합점검 시기 : 6월 15일, 작동점검 시기 : 11월 1일
④ 종합점검 시기 : 6월 15일, 작동점검 시기 : 12월 1일

해설 자체점검의 실시

종합점검	작동점검
사용승인 달에 실시	종합점검+6개월 ↓

(1) **종합점검** : 건축물 사용승인일이 5월 1일이며 **5월**에 **실시**해야 하므로 <u>5월 15일</u>에 받으면 된다.
(2) **작동점검** : 종합점검을 받은 달부터 6개월이 되는 달(지난 달)에 실시하므로 5월에 종합점검을 받았으므로 **6개월**이 지난 <u>11월달</u>에 작동점검을 받으면 된다.

정답 ①

18

유사문제
22년 문03

교재 1권
P.55

건축허가 등의 동의절차에 관한 사항으로 틀린 것은?

① 5일(특급 소방안전관리대상물인 경우에는 10일) 이내 동의회신 통보
② 보완이 필요시 7일 이내–보완기간 내 미보완시 동의요구서 반려
③ 허가청에서 허가 등의 취소시 7일 이내 취소통보
④ 동의회신 후 건축허가 등의 동의대장에 기재 후 관리

해설

② 7일 이내 → 4일 이내

건축허가 등의 동의기간 등

구 분	내 용
동의요구 서류보완 ──→	**4일** 이내 보기 ②
건축허가 등의 취소통보	**7일** 이내 보기 ③
건축허가 및 사용승인 동의회신 통보	**5일**(특급 소방안전관리대상물은 **10일**) 이내 보기 ①
동의시기	건축허가 등을 **하기 전**
동의요구자	건축허가 등의 권한이 있는 행정기관
동의회신 후	건축허가 등의 동의대장에 기재 후 관리 보기 ④

정답 ②

기출문제 **2020**

19 다음 중 옥상광장 출입문 개방 안전관리기준으로 옳지 않은 것은?

교재 1권
PP.155
-156

① 옥상광장에 노대 등의 주위에는 높이 1.2m 이상의 난간을 설치하여야 한다.
② 3층 이상의 층에 노대 등의 주위에는 높이 1.2m 이상의 난간을 설치하여야 한다.
③ 5층 이상의 층이 근린생활시설 중 공연장의 용도로 쓰이는 경우에는 옥상광장 설치대상에 해당된다.
④ 5층 이상의 층이 근린생활시설 중 종교집회장의 용도로 쓰이는 경우에는 옥상광장 설치대상에 해당된다.

해설

> ② 3층 이상 → 2층 이상

옥상광장 출입문 개방 안전관리
(1) 옥상광장 또는 **2층** 이상의 층에 노대 등의 주위에는 높이 **1.2m** 이상의 난간을 설치하여야 한다. 보기 ①②
(2) **5층 이상**의 층으로 옥상광장 설치대상
　① 근린생활시설 중 **공연장·종교집회장·인터넷컴퓨터게임 시설제공업소**(바닥면적 합계가 각각 **300m² 이상**) 보기 ③④
　② 문화 및 집회시설(전시장 및 동식물원 제외)
　③ 종교시설, 판매시설, 주점영업, 장례시설

정답 ②

★★★
20 소방기본법에 따른 벌칙이 가장 무거운 것은?

유사문제
24년 문15
22년 문10
22년 문11
21년 문05

① 정당한 사유 없이 소방대가 현장에 도착할 때까지 사람을 구출하는 조치 또는 불을 끄거나 불이 번지지 아니하도록 하는 조치를 하지 아니한 소방대상물 관계인
② 사람을 구출하는 일 또는 불을 끄거나 불이 번지지 아니하도록 하는 일을 방해한 사람
③ 피난명령을 위반한 자

교재 1권
P.32

④ 정당한 사유 없이 소방대의 생활안전활동을 방해한 자

해설

> ①·③·④ 100만원 이하의 벌금
> ② 5년 이하의 징역 또는 5천만원 이하의 벌금

(1) **5년 이하의 징역 또는 5000만원 이하의 벌금**
　① **위력**을 사용하여 출동한 소방대의 화재진압·인명구조 또는 구급활동을 **방해**하는 행위
　② 소방대가 화재진압·인명구조 또는 구급활동을 위하여 **현장**에 **출동**하거나 현장에 출입하는 것을 고의로 **방해**하는 행위
　③ 출동한 **소방대원**에게 폭행 또는 협박을 행사하여 화재진압·인명구조 또는 구급활동을 **방해**하는 행위
　④ 출동한 **소방대**의 소방장비를 파손하거나 그 효용을 해하여 화재진압·인명구조 또는 구급활동을 **방해**하는 행위

⑤ 소방자동차의 **출동**을 **방해**한 사람

⑥ 사람을 **구출**하는 일 또는 불을 끄거나 불이 번지지 아니하도록 하는 일을 **방해**한 사람 보기 ②

⑦ 정당한 사유 없이 소방용수시설 또는 비상소화장치를 사용하거나 소방용수시설 또는 비상소화장치의 효용을 해하거나 그 정당한 사용을 **방해**한 사람

공하성 기억법 5방5000

(2) **100만원 이하의 벌금**

① 정당한 사유 없이 소방대가 현장에 도착할 때까지 사람을 **구**출하는 조치 또는 불을 끄거나 불이 번지지 않도록 하는 조치를 하지 아니한 소방대상물 관계인 보기 ①

② **피**난명령을 위반한 사람 보기 ③

③ 정당한 사유 없이 물의 사용이나 **수도**의 **개폐장치**의 사용 또는 **조**작을 하지 못하게 하거나 방해한 자

④ 정당한 사유 없이 **소방대**의 **생활안전활동**을 방해한 자 보기 ④

⑤ 긴급조치를 정당한 사유 없이 방해한 자

공하성 기억법 구피조1

정답 ②

21 소방안전관리자를 선임하지 아니하는 특정소방대상물의 관계인의 업무에 해당하지 않는 것은?

교재 1권 P.41

① 화기취급의 감독

② 소방시설 그 밖의 소방관련시설의 관리

③ 자위소방대 및 초기대응체계의 구성·운영·교육

④ 피난시설, 방화구획 및 방화시설의 관리

해설 **관계인 및 소방안전관리자의 업무**

특정소방대상물(관계인)	소방안전관리대상물(소방안전관리자)
① 피난시설·방화구획 및 방화시설의 관리 보기 ④	① 피난시설·방화구획 및 방화시설의 관리
② 소방시설, 그 밖의 소방관련시설의 관리 보기 ②	② 소방시설, 그 밖의 소방관련시설의 관리
③ **화기취급**의 감독 보기 ①	③ **화기취급**의 감독
④ 소방안전관리에 필요한 업무	④ 소방안전관리에 필요한 업무
⑤ 화재발생시 초기대응	⑤ **소방계획서**의 작성 및 시행(대통령령으로 정하는 사항 포함)
	⑥ **자위소방대** 및 **초기대응체계**의 구성·운영·교육 보기 ③
	⑦ 소방훈련 및 교육
	⑧ 소방안전관리에 관한 업무수행에 관한 기록·유지
	⑨ 화재발생시 초기대응

정답 ③

22 건축허가 등의 동의대상물의 범위에 해당하지 않는 것은?

교재 1권
PP.55
-56

① 연면적 400m² 이상인 건축물
② 층수가 6층 이상인 건축물
③ 지하층 또는 무창층이 있는 건축물로서 바닥면적이 100m² 이상인 층이 있는 것
④ 연면적 200m² 이상인 노유자시설 및 수련시설

해설

③ 100m² 이상 → 150m² 이상

건축허가 등의 동의대상물
(1) 연면적 **400m²**(학교시설 : 100m², **수련시설·노유자시설 : 200m²**, **정신의료기 관·장애인 의료재활시설 : 300m²**) 이상 보기 ①④
(2) **6층** 이상인 건축물 보기 ②
(3) 차고·주차장으로서 바닥면적 **200m²** 이상(자동차 **20대** 이상)
(4) **항공기격납고, 관망탑, 항공관제탑, 방송용 송수신탑**
(5) 지하층 또는 무창층의 바닥면적 **150m²** 이상(공연장은 **100m²** 이상) 보기 ③
(6) **위험물저장 및 처리시설, 지하구**
(7) 전기저장시설, 풍력발전소
(8) 조산원, 산후조리원, 의원(입원실 있는 것)
(9) 결핵환자나 한센인이 24시간 생활하는 노유자시설
(10) 요양병원(의료재활시설 제외)
(11) 노인주거복지시설·노인의료복지시설 및 재가노인복지시설, 학대피해노인 전용 쉼터, 아동복지시설, 장애인거주시설
(12) 정신질환자 관련시설(종합시설 중 24시간 주거를 제공하지 아니하는 시설 제외)
(13) 노숙인자활시설, 노숙인재활시설 및 노숙인요양시설
(14) 공장 또는 창고시설로서 지정수량의 **750배 이상**의 특수가연물을 저장·취급하는 것
(15) 가스시설로서 지상에 노출된 탱크의 저장용량의 합계가 **100톤** 이상인 것

정답 ③

[23~25] 다음 소방안전관리대상물의 조건을 보고 다음 각 물음에 답하시오.

구 분	업무시설
용도	근린생활시설
규모	지상 5층, 지하 2층, 연면적 6000m²
설치된 소방시설	소화기, 옥내소화전설비, 자동화재탐지설비
소방안전관리자 현황	자격 : 2급 소방안전관리자 자격취득자
	강습수료일 : 2023년 3월 5일
건축물 사용승인일	2023년 3월 15일

23 소방안전관리자의 선임기간으로 옳은 것은?

유사문제
22년 문14
20년 문16

① 2023년 4월 13일
② 2023년 4월 28일
③ 2023년 4월 29일
④ 2023년 4월 30일

교재 1권
PP.39
-40

해설 건축승인을 받은 후(다음 날) 30일 이내에 소방안전관리자를 선임하여야 한다. 3월 15일 건축승인을 받았으므로 30일 이내는 **4월 14일 이내**가 답이 된다. 그러므로 ① 정답

🔑정답 ①

24 소방안전관리대상물의 등급 및 소방안전관리보조자 선임인원으로 옳은 것은?

유사문제
24년 문06
22년 문12
22년 문13
21년 문02
20년 문3
20년 문14

① 1급 소방안전관리대상물, 소방안전관리보조자 선임대상 아님
② 1급 소방안전관리대상물, 소방안전관리보조자 1명
③ 2급 소방안전관리대상물, 소방안전관리보조자 선임대상 아님
④ 2급 소방안전관리대상물, 소방안전관리보조자 1명

교재 1권
PP.12
-13

해설

- 옥내소화전설비가 설치되어 있으므로 2급 소방안전관리대상물
- 연면적 6000m² 로서 15000m² 이상이 안되므로 소방안전관리보조자 선임대상 아님

(1) **2급 소방안전관리대상물**
  ① 지하구
  ② 가스제조설비를 갖추고 도시가스사업 허가를 받아야 하는 시설 또는 가연성 가스를 **100톤 이상 1000톤 미만** 저장·취급하는 시설
  ③ **스프링클러설비** 또는 **물분무등소화설비**(호스릴방식 제외) 설치대상물
  ④ **옥내소화전설비** 설치대상물 보기 ③
  ⑤ 공동주택(옥내소화전설비 또는 스프링클러설비가 설치된 공동주택에 한함)
  ⑥ 목조건축물(국보·보물)

(2) **최소 선임기준**

소방안전관리자	소방안전관리보조자
• 특정소방대상물마다 1명	• **300세대 이상 아파트** : **1명**(단, **300세대 초과마다 1명 이상 추가**) • **연면적 15000m² 이상** : **1명**(단, **15000m² 초과마다 1명 이상 추가**) 보기 ③ • **공동주택**(기숙사), **의료시설, 노유자시설, 수련시설** 및 **숙박시설**(바닥면적 합계 1500m² 미만이고, 관계인이 24시간 상시 근무하고 있는 숙박시설 제외) : **1명**

🔑정답 ③

25 소방안전관리자가 건축물 사용승인일에 선임되었다면 실무교육 최대 이수기한은?

유사문제
24년 문08
22년 문17

교재 1권
PP.46
-47

① 2023년 9월 4일
② 2023년 10월 4일
③ 2025년 3월 4일
④ 2025년 11월 4일

해설

- 사용승인일이 2023년 3월 15일이고, 사용승인일에 선임되었으므로 강습수료일로부터 1년 이내에 취업한 경우에 해당되어 강습수료일로부터 2년마다 실무교육을 받아야 한다. 그러므로 2025년 3월 4일 이내가 답이 되므로 ③ 정답

소방안전관리자의 실무교육

실시기관	실무교육주기
한국소방안전원	선임된 날부터 6개월 이내, 그 이후 2년마다 1회

선임된 날부터 6개월 이내, 그 이후 2년마다(최초 실무교육을 받은 날을 기준일로 하여 매 2년이 되는 해의 기준일과 같은 날 전까지) 1회 실무교육을 받아야 한다.
(1) 소방안전관리 강습 또는 실무교육을 받은 후 1년 이내에 소방안전관리자로 선임된 경우 해당 강습교육을 수료하거나 실무교육을 이수한 날에 당해 실무교육을 이수한 것으로 본다.

‖ 실무교육주기 ‖

강습수료일로부터 1년 이내 취업한 경우	강습수료일로부터 1년 넘어서 취업한 경우
강습수료일로부터 2년마다 1회	선임된 날부터 6개월 이내, 그 이후 2년마다 1회

(2) 소방안전관리보조자의 경우, 소방안전관리자 강습교육 또는 실무교육이나 소방안전관리보조자 실무교육을 받은 후 1년 이내에 선임된 경우 해당 강습교육을 수료하거나 실무교육을 이수한 날에 실무교육을 이수한 것으로 본다.

비교 **실무교육**

소방안전 관련업무 경력보조자	소방안전관리자 및 소방안전관리보조자
선임된 날로부터 **3개월** 이내, 그 이후 2년마다 1회 실무교육을 받아야 한다.	선임된 날로부터 **6개월** 이내, 그 이후 **2년**마다 **1회** 실무교육을 받아야 한다.

 정답 ③

제 ② 과목

★★
26 다음 중 수신기 그림의 화재복구방법으로 옳은 것은?

① 수신기 복구버튼을 누르기 전 발신기 누름스위치를 누르면 수신기가 정상상태로 된다.

② 수신기 내 발신기 응답표시등 소등을 위하여 발신기 누름스위치를 반드시 복구 시켜야 한다.

③ 수신기 복구버튼을 누르면 주경종, 지구경종 음향이 멈춘다.

④ 스위치주의등은 발신기 응답표시등 소등시 동시에 소등된다.

해설

① 발신기스위치를 눌러서 화재신호가 들어온 경우 발신기스위치를 복구시킨 후 수신기 복구버튼을 눌러야 수신기가 정상상태로 되므로 틀린 답임 (×)

② 발신기응답표시등은 발신기를 눌렀을 때 점등되고, 발신기 누름스위치를 복구 시켰을 때 소등되므로 옳은 답임 (○)

③ 발신기스위치를 복구시킨 후 수신기 복구버튼을 눌러야 주경종, 지구경종음향이 멈추므로 틀린 답임 (×)

④ 스위치주의등은 주경종, 지구경종, 자동복구스위치등이 복구되어야 소등되므로 틀린 답임 (×)

정답 ②

★★★
27

유사문제
24년 문27
23년 문30
23년 문48
21년 문26
21년 문42

실무교재
PP.96
-97

화재시 감시제어반의 모습이다. 다음의 감시제어반에 참고하여, 아래 그림에 나타난 제연설비가 작동하는 순서로 옳은 것은? (단, 제시된 조건을 제외하고 나머지 조건은 무시한다.)

○ 감지기	댐퍼 수동기동	댐퍼 확인	송풍기 확인	○

‖ 감시제어반 ‖

㉠ 감지기 작동
㉡ 급기댐퍼 개방
㉢ 급기댐퍼 수동기동장치 작동
㉣ 급기송풍기 작동

① ㉠ > ㉡ > ㉣
② ㉠ > ㉢ > ㉣
③ ㉢ > ㉡ > ㉣
④ ㉢ > ㉣ > ㉡

해설

제연설비		감시제어반 표시
㉢ 급기댐퍼 수동기동장치 작동	➡	댐퍼 수동기동 램프 점등
㉡ 급기댐퍼 개방	➡	댐퍼 확인램프 점등
㉣ 급기송풍기 작동	➡	송풍기 확인램프 점등

정답 ③

★★★
28

유사문제
24년 문31
24년 문40
23년 문46
23년 문49
22년 문30
22년 문36
21년 문28
21년 문35
21년 문41
20년 문35
20년 문41

교재 2권
PP.50
-51

그림을 보고 각 내용에 맞게 ○ 또는 ×가 올바르지 않은 것은?

① 감시제어반은 정상상태로 유지관리 되고 있다. (○)
② 동력제어반에서 주펌프 ON버튼을 누르면 주펌프는 기동하지 않는다. (○)
③ 감시제어반에서 주펌프 스위치를 기동위치로 올리면 주펌프는 기동한다. (○)
④ 동력제어반에서 충압펌프를 자동위치로 돌리면 모든 제어반은 정상상태가 된다. (○)

③ 기동한다. → 기동하지 않는다.

감시제어반 선택스위치는 **수동**으로 올린 후, 주펌프 스위치를 **기동**으로 올려야 주펌프가 기동한다.

선택스위치 : **수동**, 주펌프 : **기동**으로 해야 주펌프는 기동한다. 선택스위치가 **자동**으로 되어 있으므로 주펌프 : **기동**으로 해도 주펌프는 기동하지 않는다. 보기 ③

‖ 감시제어반 ‖

평상시 상태	수동기동 상태	점검시 상태
① 선택스위치 : **자동**	① 선택스위치 : **수동**	① 선택스위치 : **정지**
② 주펌프 : **정지**	② 주펌프 : **기동**	② 주펌프 : **정지**
③ 충압펌프 : **정지**	③ 충압펌프 : **기동**	③ 충압펌프 : **정지**

‖ 동력제어반 ‖

평상시 상태	수동기동시 상태
① POWER : **점등**	① POWER : **점등**
② 선택스위치 : **자동**	② 선택스위치 : **수동**
③ ON 램프 : **소등**	③ ON 램프 : **점등**
④ OFF 램프 : **점등**	④ OFF 램프 : **소등**
	⑤ 펌프기동램프 : **점등**

정답 ③

★★★
29 방수압력측정계의 측정된 방수압력과 점검표 작성(㉠~㉡)한 것으로 옳은 것은?

유사문제
24년 문32
24년 문39
23년 문34
22년 문47
22년 문50
21년 문47
20년 문46

교재 2권
P.37,
P.49

0.1MPa
손잡이

점검번호	점검항목	점검결과
2-C-002	옥내소화전 방수량 및 방수압력 적정 여부	㉠

설비명	점검번호	불량내용
소화설비	2-C-002	㉡

① 방수압력 : 0.1MPa, ㉠ ×, ㉡ 방수압력 미달
② 방수압력 : 0.1MPa, ㉠ O, ㉡ 방수압력 초과
③ 방수압력 : 0.17MPa, ㉠ O, ㉡ 방수압력 미달
④ 방수압력 : 0.17MPa, ㉠ ×, ㉡ 방수압력 초과

해설

① 0.17~0.7MPa이므로 0.1MPa은 ✕

② 0.1MPa은 0.17MPa 이상이 되지 않으므로 방수압력 미달

옥내소화전 방수압력측정

(1) 측정장치 : 방수압력측정계(피토게이지)

(2)

방수량	방수압력
130L/min	0.17~0.7MPa 이하

(3) 방수압력 측정방법 : 방수구에 호스를 결속한 상태로 노즐의 선단에 방수압력측정계(피토게이지)를 근접$\left(\dfrac{D}{2}\right)$시켜서 측정하고 방수압력측정계의 압력계상의 눈금을 확인한다.

▮방수압력 측정▮

정답 ①

30 R형 수신기의 운영기록 중 스프링클러설비 밸브의 동작시간으로 옳은 것은?

유사문제
22년 문38

실무교재
PP.71
-72

2022.08.01 13:09:20 SVP수동기동스위치 동작
2022.08.01 13:09:23 솔레노이드밸브 동작
2022.08.01 13:09:28 밸브개방확인
2022.08.01 13:09:33 사이렌출력
2022.08.01 13:09:42 충압펌프 PS
2022.08.01 13:09:43 충압펌프 동작
2022.08.01 13:10:11 주펌프 PS
2022.08.01 13:10:12 주펌프 동작

① 13 : 09 : 23
② 13 : 09 : 33
③ 13 : 09 : 28
④ 13 : 09 : 42

해설

밸브개방확인＝스프링클러설비 밸브의 동작시간이므로 ③ 정답, 스프링클러설비 **개방**과 동시에 **밸브개방확인표시등**이 **점등**된다.

정답 ③

31 가스계 소화설비의 점검을 위하여 솔레노이드밸브를 분리한 수동조작함을 조작하였다. 다음 결과 중 옳지 않은 것은?

유사문제
22년 문44
20년 문37

교재 2권
PP.95
-96

① 감시제어반 연동확인
② 솔레노이드 격발
③ 방출표시등 점등
④ 음향장치 작동

해설

③ 솔레노이드밸브를 분리하면 수동조작함을 조작하여도 약제가 방출되지 않으므로 방출표시등은 점등되지 않는다.

정답 ③

기출문제 2020

32 그림에 대한 설명으로 옳지 않은 것은?

유사문제
24년 문35
23년 문50
22년 문45
22년 문49
21년 문31
21년 문37
21년 문49
20년 문48

교재 1권
PP.265
-266

생략

심장리듬 분석 및 심장충격 실시　　　즉시 심폐소생술 다시 시행

① 심장리듬 분석 중 심장충격이 필요한 경우 심장충격이 필요하다는 음성지시 후 스스로 설정된 에너지로 충전을 시작한다.

② 심장충격시 주변 사람에게 심장충격 버튼을 누르고 있도록 도움을 요청한다.

③ 심장충격시 심장충격 버튼을 누르기 전에 반드시 다른 사람이 환자에게서 떨어져 있는지 확인한다.

④ 심장충격을 실시한 뒤에는 즉시 가슴압박과 인공호흡을 30 : 2로 다시 시작한다.

 해설

> ② 주변사람에게 심장충격 버튼을 누르고 있도록 도움을 요청한다. → 다른 사람이 환자에게서 떨어져 있는지 확인한다.

자동심장충격기(AED) 사용방법

(1) 자동심장충격기를 심폐소생술에 방해가 되지 않는 위치에 놓은 뒤 전원버튼을 누른다.

(2) 환자의 상체를 노출시킨 다음 패드 포장을 열고 2개의 패드를 환자의 가슴에 붙인다.

(3) 패드는 **왼쪽 젖꼭지 아래의 중간겨드랑선**에 설치하고 **오른쪽 빗장뼈**(쇄골) 바로 **아래**에 붙인다.

| 패드의 부착위치 |

패드 1	패드 2
오른쪽 빗장뼈(쇄골) 바로 아래	왼쪽 젖꼭지 아래의 중간겨드랑선

패드 1　　　쇄골

패드 2

| 패드 위치 |

(4) 심장충격이 필요한 환자인 경우에만 제세동버튼이 깜박이기 시작하며, 깜박일 때 심장충격버튼을 눌러 심장충격을 시행한다.

(5) 심장충격버튼을 <u>누르기 전</u>에는 반드시 주변사람 및 구조자가 환자에게서 떨어져
~~누른 후에는~~ ×
있는지 다시 한 번 확인한 후에 실시하도록 한다. [보기 ③]

(6) 심장충격이 필요 없거나 심장충격을 실시한 이후에는 즉시 **심폐소생술**을 다시 시작한다.

(7) **2분**마다 심장리듬을 분석한 후 반복 시행한다.

(8) 심장리듬 분석 중 심장충격이 필요한 경우 심장충격이 필요하다는 음성지시 후 스스로 설정된 에너지로 충전을 시작한다. [보기 ①]

(9) 심장충격을 실시한 뒤에는 즉시 가슴압박과 인공호흡을 30 : 2로 다시 시작한다.
[보기 ④]

정답 ②

★★★
33 예비전원시험에 대한 정상적인 결과로 옳은 것은? (단, 수신기는 정상운영 상태이다.)

해설

① **예비전원**시험스위치가 눌러져 있지만 전압지시 **낮음**램프가 점등되어 있으므로 예비전원은 비정상이다.

② 예비전원시험스위치가 **눌러져** 있고 전압지시 **정상**램프가 점등되어 있으므로 예비전원은 정상이다.(○)

③ **교류전원** 램프가 **점등**되어 있고 전압지시 **정상**램프가 점등되어 있으므로 **교류전원**이 **정상**이다. 예비전원이 눌러져 있지 않으므로 예비전원 정상유무는 알 수 없다.

④ **교류전원** 램프가 점등되어 있고 전압지시 **정상**램프가 점등되어 있으므로 교류전원이 **정상**이다. 예비전원 정상유무는 알 수 없다. 발신기램프도 점등되어 있지만 이는 발신기를 눌렀다는 의미로 예비전원 상태는 알 수 없다.

정답 ②

★★★
34 다음 그림의 소화기 설명으로 옳은 것은?

유사문제
23년 문15
23년 문26
23년 문33
23년 문39
23년 문45
22년 문29
22년 문35
21년 문46
20년 문40

교재 2권
P.21,
P.26

① 철수 : 고무공장에서 발생하는 화재에 적응성을 갖기 위해서 제1인산암모늄을 주성분으로 하는 분말소화기를 비치하는 것이 맞아.

② 영희 : 소화기는 함부로 사용하지 못하도록 바닥으로부터 1.5m 이상의 위치에 비치해야 해.

③ 민수 : 축압식 분말소화기의 정상압력 범위는 0.6~0.98MPa이야.

④ 지영 : 소화기를 비치할 때는 해당 건물 전체 능력단위의 2분의 1을 넘어선 안돼.

해설

① 고무공장은 일반화재(A급)이므로 제1인산암모늄을 주성분으로 하는 분말소화기를 비치하는 것은 옳은 답

❚ 소화약제 및 적응화재 ❚

적응화재	소화약제의 주성분	소화효과
BC급	탄산수소나트륨($NaHCO_3$)	• 질식효과
	탄산수소칼륨($KHCO_3$)	• 부촉매(억제)효과
ABC급	제1인산암모늄($NH_4H_2PO_4$)	
BC급	탄산수소칼륨($KHCO_3$)+요소($(NH_2)_2CO$)	

> ② 함부로 사용하지 못하도록 → 사용하기 쉽도록, 1.5m 이상 → 1.5m 이하

소화기의 설치기준

(1) 설치높이 : 바닥에서 **1.5m** 이하
(2) 설치면적 : 구획된 실 바닥면적 **33m²** 이상에 1개 설치

> ③ 0.6~0.98MPa → 0.7~0.98MPa

> • 용기 내 압력을 확인할 수 있도록 지시압력계가 부착되어 사용가능한 범위가 0.7~ 0.98MPa로 녹색으로 되어 있음

지시압력계

(1) 노란색(황색) : 압력부족
(2) 녹색 : 정상압력
(3) 적색 : 정상압력 초과

노란색
(황색)   녹색 적색

❚ 소화기 지시압력계 ❚

❚ 지시압력계의 색표시에 따른 상태 ❚

노란색(황색)	녹 색	적 색
❚ 압력이 부족한 상태 ❚	❚ 정상압력 상태 ❚	❚ 정상압력보다 높은 상태 ❚

> ④ 소화기 → 간이소화용구
>
> 간이소화용구는 전체 능력단위의 $\frac{1}{2}$ 을 넘어서는 안된다. (단, 노유자시설인 경우 제외)

정답 ①

★★★
35 그림의 옥내소화전설비 동력 및 감시제어반의 설명으로 옳은 것은?

유사문제
24년 문31
24년 문40
23년 문46
23년 문49
22년 문30
22년 문36
21년 문28
21년 문35
21년 문41
20년 문28
20년 문41

교재 2권
PP.50
-51

‖ 동력제어반 ‖　　　　　　　‖ 감시제어반 ‖

① 누군가 옥내소화전을 사용하여 주펌프가 기동하고 있다.
② 배관 내 압력저하가 발생하여 충압펌프가 자동으로 기동하였다.
③ 동력제어반에서 수동으로 충압펌프를 기동시켰다.
④ 감시제어반에서 수동으로 충압펌프를 기동시켰다.

해설

① 주펌프의 기동램프가 점등되지 않았으므로 주펌프가 기동하지 않는다.

② ㉠ 감시제어반 선택스위치 : **연동**, 주펌프 : **정지**, 충압펌프 : **정지**로 되어 있어서 수동 으로는 작동하지 않으므로 배관 내 압력저하가 발생하여 자동으로 작동된 것으로 추측할 수 있다.

㉡ **충압펌프 기동램프**가 **점등**되어 있으므로 **충압펌프**가 **기동**한다.

③ 동력제어반 충압펌프 선택스위치가 **자동**으로 되어 있으므로 충압펌프는 수동으로 기동되지 않는다.

④ 감시제어반 선택스위치가 **연동**으로 되어 있으므로 충압펌프는 수동으로 기동되지 않는다.

정답 ②

★★★
36 다음은 준비작동식 스프링클러설비가 설치되어 있는 감시제어반이다. 그림과 같이 감시제어반에서 충압펌프를 수동기동했을 경우 옳은 것은?

유사문제
23년 문28
22년 문31

교재 2권
PP.81
-82

① 스프링클러헤드는 개방되었다.
② 현재 충압펌프는 자동으로 작동하고 있는 중이다.
③ 프리액션밸브는 개방되었다.
④ 주펌프는 기동하지 않는다.

해설
① 개방되었다. → 개방 여부는 알 수 없다.
   충압펌프를 수동기동했지만 스프링클러헤드 개방 여부는 알 수 없다.
② 자동 → 수동
   감시제어반 선택스위치 : **수동**, 충압펌프 : **기동**이므로 충압펌프는 **수동**으로 **작동** 중이다.
③ 개방되었다. → 개방되지 않았다.
   프리액션밸브 개방램프가 **소등**되어 있으므로 개방되지 않았다.

④ **감시제어반 주펌프 : 정지**이므로 주펌프는 **기동**하지 **않는다**.

정답 ④

★★★
37 가스계 소화설비의 점검에 대한 다음 물음에 답하시오.

유사문제
22년 문44
20년 문31

교재 2권
P.96

(가) 가스계 소화설비 점검방법 중 그림 A의 솔레노이드밸브를 격발시킬 수 있는 방법으로 옳지 않은 것은?

| 그림 A |

ⓐ 감지기 A, B 동작
ⓑ 솔레노이드 수동조작버튼 누름
ⓒ 제어반에서 수동기동스위치 조작
ⓓ 제어반에서 도통시험버튼 누름

(나) 가스계 소화설비 점검 중 그림 B 압력스위치를 동작시켰다. 제어반 상태를 보고 옳은 것은?

| 그림 B |

| 제어반 |

① ⓑ, ⓜ, ⓢ
② ⓑ, ⓜ, ⓗ
③ ⓓ, ⓜ, ⓗ, ⓢ
④ ⓓ, ⓜ, ⓢ, ⓢ

해설

ⓔ 도통시험버튼과 솔레노이드밸브 격발과는 무관함

ⓜ, ⓗ 솔레노이드밸브 스위치가 수동으로 되어 있으며 감지기 A, B는 무관하므로 감지기 A, B램프는 소등되는게 맞음

ⓞ 압력스위치를 동작시켰고 수동조작스위치는 누르지 않았으므로 수동조작램프는 소등되는게 맞음

ⓢ 압력스위치를 동작시키면 가스방출램프는 점등되는데 가스방출램프가 점등되지 않았으므로 틀림

정답 ③

★★ 38 다음 보기 중 빈칸의 내용으로 옳은 것은?

유사문제
24년 문35
23년 문37
23년 문43
23년 문50
21년 문43
20년 문38
20년 문43
20년 문48

성인심폐소생술(가슴압박)
– 위치 : 환자의 가슴뼈(흉골)의 (㉠)절반 부위
– 자세 : 양팔을 쭉 편 상태로 체중을 실어서 환자의 몸과 수직이 되도록 가슴을 압박하고, 압박된 가슴은 완전히 이완되도록 한다.
– 속도 및 깊이 : 성인기준으로 속도는 (㉡)회/분, 깊이는 약 (㉢)cm

교재 1권
PP.262
-264

① ㉠ 아래쪽, ㉡ 80~100, ㉢ 5

② ㉠ 아래쪽, ㉡ 100~120, ㉢ 5

③ ㉠ 위쪽, ㉡ 80~100, ㉢ 7

④ ㉠ 위쪽, ㉡ 100~120, ㉢ 7

해설 **성인의 가슴압박**

(1) 환자의 얼굴과 가슴을 **10초** 이내로 관찰
(2) 구조자의 체중을 이용하여 압박
(3) 인공호흡에 자신이 없으면 가슴압박만 시행

① 위치 : 환자의 가슴뼈(흉골)의 아래쪽 절반 부위 보기 ㉠
② 자세 : 양팔을 쭉 편 상태로 체중을 실어서 환자의 몸과 수직이 되도록 가슴을 압박하고, 압박된 가슴은 완전히 이완되도록 한다.

구 분	설 명
속 도	분당 100~120회 보기 ㉡
깊 이	약 5cm(소아 4~5cm) 보기 ㉢

‖ 가슴압박 위치 ‖

정답 ②

★★★
39 안전관리자 A씨가 근무 중 수신기를 조작한 운영기록이다. 다음 설명 중 옳은 것은?

유사문제 22년 문38

교재 2권 P.117

순 번	일 시	회선정보	회선설명	동작구분	메시지
1	2022.09.01. 22시 13분 00초	01-003-1	2F 감지기	화재	화재발생
2	2022.09.01. 22시 13분 05초	01-003-1	–	수신기	수신기복구
3	2022.09.01. 22시 17분 07초	01-003-1	2F 감지기	화재	화재발생
4	2022.09.01. 22시 17분 45초	01-003-1	–	수신기	주음향 정지
5	2022.09.01. 22시 17분 47초	01-003-1	–	수신기	지구음향 정지

① A씨는 2F 발신기 오작동으로 인한 화재를 복구한 적이 있다.
② 건물의 4층에서 빈번하게 화재감지기가 작동한다.
③ 운영기록을 보면 건물 2층 감지기 오작동을 예상할 수 있다.
④ 22년 9월 1일에는 주경종 및 지구경종의 음향이 멈추지 않았다.

해설

① 발신기 오작동 → 감지기 오작동

회선설명	메시지
2F 감지기	화재발생
	수신기복구

② 4층 → 2층

회선설명
2F 감지기

2F(2층) 감지기가 작동되었으므로 2층에서 빈번한 화재감지기 작동

④ 멈추지 않았다. → 멈추었다.

메시지
주음향 정지
지구음향 정지

주음향정지, 지구음향 정지 메시지가 나타났으므로 주경종 및 지구경종 음향은 멈추는게 맞다.

정답 ③

40 소화기를 아래 그림과 같이 배치했을 경우, 다음 설명으로 옳지 않은 것은?

유사문제
23년 문26
23년 문33
23년 문39
22년 문35
21년 문46

교재 2권
P.22,
P.26

① 전산실 : 소화기의 내용연수가 초과하여 소화기를 교체해야 한다.
② 사무실 : 가압식 소화기는 폐기하여야 하며, 축압식 소화기는 정상이다.
③ 공실 : 소화기 압력미달로 교체하여야 한다.
④ 창고 : 법적으로 면적미달로 소화기 미설치 구역이지만, 비치해도 관계없다.

기출문제 2020

해설

① 초과하여 → 초과되지 않아, 교체하여야 한다. → 교체할 필요 없다.
제조년월 : 2015.11.이고 내용연수가 10년이므로 2025.11.까지가 유효기간이므로 내용연수가 초과되지 않았다.

내용연수
소화기의 내용연수를 **10년**으로 하고 내용연수가 지난 제품은 교체 또는 성능확인을 받을 것

내용연수 경과 후 10년 미만	내용연수 경과 후 10년 이상
3년	1년

② 가압식 소화기는 폭발우려가 있으므로 폐기하여야 하며, 압력계가 정상범위에 있으므로 축압식 소화기는 정상이다.
③ 소화기 압력미달로 교체해야 한다.

가압식 소화기 : 압력계 ×	축압식 소화기 : 압력계 ○
•본체 용기 내부에 가압용 가스용기가 **별도**로 설치되어 있으며, 현재는 용기 폭발우려가 있어 <u>생산 중단</u>	•본체 용기 내에는 규정량의 소화약제와 **함께** 압력원인 **질소**가스가 충전되어 있음 •용기 내 압력을 확인할 수 있도록 지시압력계가 부착되어 사용 가능한 범위가 **0.7~0.98MPa**로 **녹색**으로 되어 있음

┃ 가압식 소화기 ┃

┃ 축압식 소화기 ┃

지시압력계
(1) 노란색(황색) : 압력부족
(2) 녹색 : 정상압력
(3) 적색 : 정상압력 초과

┃ 소화기 지시압력계 ┃

❚ 지시압력계의 색표시에 따른 상태 ❚

노란색(황색) 보기 ③	녹 색	적 색
❚ 압력이 부족한 상태 ❚	❚ 정상압력 상태 ❚	❚ 정상압력보다 높은 상태 ❚

④ 33m² 이상에 설치하지만 33m² 미만에 비치해도 아무관계가 없으므로 옳다.

소화기의 설치기준
(1) 설치높이 : 바닥에서 **1.5m** 이하
(2) 설치면적 : 구획된 실 바닥면적 **33m²** 이상에 1개 설치

정답 ①

★★★
41 평상시 제어반의 상태로 옳지 않은 것을 있는 대로 고른 것은? (단, 설비는 정상상태이며 제시된 조건을 제외하고 나머지 조건은 무시한다.)

유사문제
24년 문31
24년 문40
23년 문46
23년 문49
22년 문30
22년 문36
21년 문28
21년 문35
21년 문41
20년 문28
20년 문35

교재 2권
PP.50
-51

❚ 감시제어반 스위치 ❚

❚ 동력제어반 스위치 ❚

① ㉠, ㉡
② ㉠, ㉢, ㉣
③ ㉠, ㉡, ㉣
④ ㉠, ㉡, ㉤

해설

ⓐ 정지 → 연동
ⓑ 기동 → 정지
ⓜ 수동 → 자동

평상시 상태

감시제어반	동력제어반
선택스위치 : **연동** 보기 ⓐ 주펌프 : **정지** 보기 ⓑ 충압펌프 : **정지** 보기 ⓒ	주펌프 선택스위치 : 자동 보기 ⓓ • 주펌프 기동램프 : 소등 • 주펌프 정지램프 : 점등 • 주펌프 펌프기동램프 : 소등 충압펌프 선택스위치 : 자동 보기 ⓜ • 충압펌프 기동램프 : 소등 • 충압펌프 정지램프 : 점등 • 충압펌프 펌프기동램프 : 소등

정답 ④

★★
42 다음은 습식 스프링클러설비의 유수검지장치 및 압력스위치의 모습이다. 그림과 같이 압력스위치가 작동했을 때 작동하지 않는 기기는 무엇인가?

유사문제
24년 문26
24년 문42
23년 문35
22년 문43

교재 2권
P.69

① 화재감지기 점등
② 밸브개방표시등 점등
③ 사이렌 동작
④ 화재표시등 점등

해설

① **습식** 스프링클러설비는 **감지기**를 **사용**하지 **않으므로** 화재감지기 점등과는 무관

감지기 사용유무

습식 · 건식 스프링클러설비	준비작동식 · 일제살수식 스프링클러설비
감지기 ✕	감지기 ○

압력스위치 작동시의 상황
(1) 펌프작동
(2) 감시제어반 밸브개방표시등(습식 : 알람밸브표시등) 점등
(3) 음향장치(사이렌) 작동
(4) 화재표시등 점등

정답 ①

43 다음 빈칸의 내용으로 옳은 것은?

유사문제
24년 문35
23년 문37
23년 문43
23년 문50
21년 문43
20년 문38
20년 문48

교재 1권
PP.262
-264

▌반응 및 호흡 확인▐

- 환자의 (㉠)를 두드리면서 "괜찮으세요?"라고 소리쳐서 반응을 확인한다.
- 쓰러진 환자의 얼굴과 가슴을 (㉡) 이내로 관찰하여 호흡이 있는 지를 확인한다.

① ㉠ : 어깨, ㉡ : 1초　　　　② ㉠ : 손바닥, ㉡ : 5초
③ ㉠ : 어깨, ㉡ : 10초　　　　④ ㉠ : 손바닥, ㉡ : 10초

해설 **성인의 가슴압박**

(1) 환자의 **어깨**를 두드린다. 보기 ㉠
(2) 환자의 얼굴과 가슴을 **10초 이내**로 관찰 보기 ㉡
(3) 구조자의 체중을 이용하여 압박한다.
(4) 인공호흡에 자신이 없으면 가슴압박만 시행한다.

구 분	설 명
속 도	분당 100~120회
깊 이	약 5cm(소아 4~5cm)

▌가슴압박 위치▐

정답 ③

★★★

44 P형 수신기가 정상이라면, 평상시 점등상태를 유지하여야 하는 표시등은 몇 개소이고 어디인가?

① 2개소 : 교류전원, 전압지시(정상)
② 2개소 : 교류전원, 축적
③ 3개소 : 교류전원, 전압지시(정상), 축적
④ 3개소 : 교류전원, 전압지시(정상), 스위치주의

해설 평상시 점등상태를 유지하여야 하는 표시등 [보기 ①]
　(1) 교류전원
　(2) 전압지시(정상)

▮ P형 수신기 ▮

정답 ①

45 다음의 A, B와 같이 제연설비 점검시 필요한 점검장비를 올바르게 연결한 것은?

교재 2권
PP.167
-171

- A : 전실 내 측정
- B : 계단실–부속실 측정

【점검장비의 종류】
ㄱ 풍속풍압계   ㄴ 폐쇄력측정기
ㄷ 차압계(압력차 측정기)   ㄹ 음량계
ㅁ 절연저항계

① A : ㄱ, B : ㄷ   ② A : ㄷ, B : ㄱ
③ A : ㄷ, B : ㄴ   ④ A : ㄹ, B : ㅁ

해설

측정위치	점검장비
A : 전실 내	ㄷ 차압계(압력차 측정기)
B : ① 계단실 ② 부속실	ㄱ 풍속풍압계

정답 ②

46 최상층의 옥내소화전 방수압력을 측정한 후 점검표를 작성했다. 점검표(ㄱ~ㄴ) 작성에 대한 내용으로 옳은 것은? (단, 방수압력 측정시 방수압력측정계의 압력은 0.3MPa로 측정되었고, 주펌프가 기동하였다.)

유사문제
24년 문32
24년 문39
23년 문34
22년 문47
22년 문50
21년 문47
20년 문29

교재 2권
P.37,
P.49

| 방수압력측정계 | | 옥내소화전함 |

점검번호	점검항목	점검결과
2–C	펌프방식	
2–C–002	옥내소화전 방수량 및 방수압력 적정 여부	ㄱ
2–F	함 및 방수구 등	
2–F–002	위치 기동표시등 적정설치 및 정상점등 여부	ㄴ

① ㄱ : ○, ㄴ : ○   ② ㄱ : ×, ㄴ : ×
③ ㄱ : ×, ㄴ : ○   ④ ㄱ : ○, ㄴ : ×

해설

ⓐ 단서에 따라 방수압력측정계 압력이 0.3MPa이므로 0.17~0.7MPa 이하이기 때문에 ○
ⓑ 단서에 따라 주펌프가 기동하였지만 기동표시등이 점등되지 않았으므로 ×

P형 발신기 기동표시등

옥내소화전 방수압력 측정

(1) 측정장치 : 방수압력측정계(피토게이지)

(2)

방수량	방수압력
130L/min	0.17~0.7MPa 이하 보기 ⓐ

(3) 방수압력 측정방법 : 방수구에 호스를 결속한 상태로 노즐의 선단에 방수압력측정계(피토게이지)를 근접$\left(\dfrac{D}{2}\right)$시켜서 측정하고 방수압력측정계의 압력계상의 눈금을 확인한다.

∥ 방수압력 측정 ∥

정답 ④

★★★
47 다음 조건과 같이 주펌프의 압력스위치를 조정하였다. 이에 대한 설명으로 옳은 것은?

유사문제
23년 문47
22년 문48
21년 문29
21년 문36

실무교재
P.83

1. 가장 높이 설치된 헤드로부터 펌프중심선까지의 낙차를 압력으로 환산한 값 : 0.45MPa
2. 펌프의 양정 : 80m
3. RANGE 및 DIFF 설정값

① 펌프의 정지압력은 0.6MPa로 정상이나, 기동압력이 0.4MPa로 설정이 되어 있어 DIFF값을 0으로 설정해야 한다.
② 펌프의 기동압력은 0.2MPa로 정상이다.
③ RANGE 값을 0.6MPa로 조절해야 한다.
④ 기동압력과 정지압력이 모두 정상이다.

해설

① 0.6MPa → 0.8MPa, 0.4MPa → 0.6MPa, 0 → 0.2
펌프의 정지압력(정지점, 양정)=RANGE이므로
RANGE=80m=0.8MPa(100m=1MPa) 보기 ③
기동점=자연낙차압+0.15MPa=0.45MPa+0.15MPa=0.6MPa 보기 ②
DIFF=RANGE−기동점=0.8MPa−0.6MPa=0.2MPa
② 0.2MPa → 0.6MPa
③ 0.6MPa → 0.8MPa
④ 기동압력=0.6MPa, 정지압력=0.8MPa로 스프링클러설비의 방수압이 0.1~1.2MPa에 해당하여 **정상**이다.
[조건 1]에서 '**헤드**'라는 말이 있으므로 스프링클러설비임을 알 수 있다.

기동점(기동압력)	정지점(양정, 정지압력)
기동점=RANGE−DIFF =자연낙차압+0.15MPa	정지점=RANGE

구 분	스프링클러설비
방수압	0.1~1.2MPa 이하
방수량	80L/min 이상

✔ **중요** **충압펌프 기동점**

충압펌프 기동점=주펌프 기동점+0.05MPa

용어 **자연낙차압**

가장 높이 설치된 헤드로부터 펌프 중심점까지의 낙차를 압력으로 환산한 값

정답 ④

기출문제 2020

★★★
48 다음 중 그림에 대한 설명으로 옳지 않은 것은?

유사문제
24년 문35
23년 문37
23년 문43
23년 문50
21년 문43
20년 문38
20년 문43

교재 1권
PP.263
-267

(a)

(b)

① 철수 : (a) 절차에는 분당 100~120회의 속도로 약 5cm 깊이로 강하고 빠르게 시행해야 해.

② 영희 : 그림에서 보여지는 모습은 심폐소생술 관련 동작이야. 그리고 기본순서로는 가슴압박＞기도유지＞인공호흡으로 알고 있어.

③ 민수 : 환자 발견 즉시 (a)의 모습대로 30회의 가슴압박과 5회의 인공호흡을 119 구급대원이 도착할 때까지 반복해서 시행해야 해.

④ 지영 : (b)의 응급처치 기기를 사용시 2개의 패드를 각각 오른쪽 빗장뼈 아래와 왼쪽 젖꼭지 아래의 중간겨드랑선에 부착해야 해.

해설
③ 5회 → 2회

(1) **성인의 가슴압박**
① 환자의 **어깨**를 두드린다.
② 쓰러진 환자의 얼굴과 가슴을 <u>10초 이내로 관찰</u>
　　　　　　　　　　　10초 이상 ✕
③ 구조자의 체중을 이용하여 압박한다.
④ 인공호흡에 자신이 없으면 가슴압박만 시행한다.
⑤ 인공호흡 : 1회에 거쳐서 숨을 불어넣는다.

구 분	설 명
속 도	분당 100~120회
깊 이	약 5cm(소아 4~5cm)

‖ 가슴압박 위치 ‖

(2) 심폐소생술

심폐소생술 실시	심폐소생술 기본순서 보기 ②
호흡과 심장이 멎고 **4~6분**이 경과하면 산소 부족으로 뇌가 손상되어 원상 회복되지 않으므로 호흡이 없으면 즉시 심폐소생술을 실시해야 한다.	**가슴압박 → 기도유지 → 인공호흡** 공하성 기억법 가기인

(3) 심폐소생술의 진행

구 분	시행횟수 보기 ③
가슴압박	30회
인공호흡	**2**회

(4) 자동심장충격기(AED) 사용방법

① 자동심장충격기를 심폐소생술에 방해가 되지 않는 위치에 놓은 뒤 전원버튼을 누른다.

② 환자의 상체를 노출시킨 다음 패드 포장을 열고 2개의 패드를 환자의 가슴에 붙인다.

③ 패드는 **왼쪽 젖꼭지 아래의 중간겨드랑선**에 설치하고 **오른쪽 빗장뼈**(쇄골) 바로 **아래**에 붙인다. 보기 ④

‖ 패드의 부착위치 ‖

패드 1	패드 2
오른쪽 빗장뼈(쇄골) 바로 아래	왼쪽 젖꼭지 아래의 중간겨드랑선

‖ 패드 위치 ‖

④ 심장충격이 필요한 환자인 경우에만 제세동버튼이 깜박이기 시작하며, 깜박일 때 심장충격버튼을 눌러 심장충격을 시행한다.

⑤ 심장충격버튼을 누르기 전에는 반드시 주변사람 및 구조자가 환자에게서 떨어져

누른 후에는 ✕

있는지 다시 한 번 확인한 후에 실시하도록 한다.

기출문제 2020

⑥ 심장충격이 필요 없거나 심장충격을 실시한 이후에는 즉시 **심폐소생술**을 다시 시작한다.

⑦ **2분**마다 심장리듬을 분석한 후 반복 시행한다.

정답 ③

49 그림과 같이 수신기의 스위치주의등이 점멸하고 있을 경우 수신기를 정상으로 복구하는 방법으로 옳은 것은?

① 수신기의 복구 버튼을 누른다.

② 조작스위치가 정상위치에 있지 않은 스위치를 찾아 정상위치 시킨다.

③ 스위치주의등이 복구될 때까지 기다린다.

④ 수신기의 예비전원 버튼을 누른다.

해설

② 스위치주의등이 점멸하고 있을 때는 **지구경종, 주경종, 자동복구스위치** 등이 눌러져 있을 때이므로 눌러져 있는 스위치(정상위치에 있지 않은 스위치)를 정상위치 시킨다. 현재는 자동복구스위치가 눌러져 있으므로 자동복구스위치를 자동복구시키면 된다.

이 스위치가 하나라도 눌러져 있는 경우 스위치주의등이 점멸함

정답 ②

50 습식 스프링클러설비에서 알람밸브 2차측 압력이 저하되어 클래퍼가 개방(작동)되면 어떤 상황이 발생되는가?

유사문제
23년 문21
21년 문48

교재 2권
PP.79
-80

① 압력수 유입으로 압력스위치가 동작된다.

② 다량의 물 유입으로 클래퍼 개방이 가속화된다.

③ 지연장치에 의해 설정 시간 지연 후 압력스위치가 작동된다.

④ 말단시험밸브를 개방하여 가압수를 배출시킨다.

해설 알람밸브 2차측 압력이 저하되어 **클래퍼**가 **개방**되면 클래퍼 개방에 따른 **압력수 유입**으로 **압력스위치**가 **동작**된다. 보기 ①

정답 ①

" 성공한 사람이 아니라 가치있는 사람이 되려고 힘써라.

- 아인슈타인 - "

문항	정답 (1~10)	문항	정답 (11~20)	문항	정답 (21~30)	문항	정답 (31~40)	문항	정답 (41~50)
1	① ② ③ ④	11	① ② ③ ④	21	① ② ③ ④	31	① ② ③ ④	41	① ② ③ ④
2	① ② ③ ④	12	① ② ③ ④	22	① ② ③ ④	32	① ② ③ ④	42	① ② ③ ④
3	① ② ③ ④	13	① ② ③ ④	23	① ② ③ ④	33	① ② ③ ④	43	① ② ③ ④
4	① ② ③ ④	14	① ② ③ ④	24	① ② ③ ④	34	① ② ③ ④	44	① ② ③ ④
5	① ② ③ ④	15	① ② ③ ④	25	① ② ③ ④	35	① ② ③ ④	45	① ② ③ ④
6	① ② ③ ④	16	① ② ③ ④	26	① ② ③ ④	36	① ② ③ ④	46	① ② ③ ④
7	① ② ③ ④	17	① ② ③ ④	27	① ② ③ ④	37	① ② ③ ④	47	① ② ③ ④
8	① ② ③ ④	18	① ② ③ ④	28	① ② ③ ④	38	① ② ③ ④	48	① ② ③ ④
9	① ② ③ ④	19	① ② ③ ④	29	① ② ③ ④	39	① ② ③ ④	49	① ② ③ ④
10	① ② ③ ④	20	① ② ③ ④	30	① ② ③ ④	40	① ② ③ ④	50	① ② ③ ④

작성시 유의사항

- 시험종목, 시험일자, 성명, 수험번호를 정확하게 기재하여 주십시오.
- 문제지 유형과 수험번호를 검정색 수성사인펜, 볼펜 등으로 바르게 ● 표기하십시오.
  ※ 수험번호는 아라비아숫자 6자리 작성 후 표기
- 「감독확인」란은 응시자가 작성하지 않으며, 감독확인이 없는 답안지는 무효 처리합니다.
- 답안지는 구기거나 접지 마시고, 절대 낙서하지 마십시오.
- 이중 표기 등 잘못된 기재로 인한 OMR기의 인식 오류는 응시자 책임이므로 주의하시기 바랍니다.

바른 표기		잘못된 표기	
●		⊘ ⊙ ⊗	

- 응시자는 시험시간이 종료되면 즉시 답안작성을 멈춰야 하며, 감독위원이 답안지 제출지시에 불응할 때에는 당해 시험은 무효 처리됩니다.

자격시험 및 평가 답안지

한국소방안전원
KOREA FIRE SAFETY INSTITUTE

▲ 상단 바코드 훼손에 주의합니다.

종목	
유형	Ⓐ Ⓑ Ⓒ Ⓓ
일자	
성명	

수험번호

감독인

문항	정답 (1~10)	문항	정답 (11~20)	문항	정답 (21~30)	문항	정답 (31~40)	문항	정답 (41~50)
1	① ② ③ ④	11	① ② ③ ④	21	① ② ③ ④	31	① ② ③ ④	41	① ② ③ ④
2	① ② ③ ④	12	① ② ③ ④	22	① ② ③ ④	32	① ② ③ ④	42	① ② ③ ④
3	① ② ③ ④	13	① ② ③ ④	23	① ② ③ ④	33	① ② ③ ④	43	① ② ③ ④
4	① ② ③ ④	14	① ② ③ ④	24	① ② ③ ④	34	① ② ③ ④	44	① ② ③ ④
5	① ② ③ ④	15	① ② ③ ④	25	① ② ③ ④	35	① ② ③ ④	45	① ② ③ ④
6	① ② ③ ④	16	① ② ③ ④	26	① ② ③ ④	36	① ② ③ ④	46	① ② ③ ④
7	① ② ③ ④	17	① ② ③ ④	27	① ② ③ ④	37	① ② ③ ④	47	① ② ③ ④
8	① ② ③ ④	18	① ② ③ ④	28	① ② ③ ④	38	① ② ③ ④	48	① ② ③ ④
9	① ② ③ ④	19	① ② ③ ④	29	① ② ③ ④	39	① ② ③ ④	49	① ② ③ ④
10	① ② ③ ④	20	① ② ③ ④	30	① ② ③ ④	40	① ② ③ ④	50	① ② ③ ④

작성시 유의사항

- 시험종목, 시험일자, 성명, 수험번호를 정확하게 기재하여 주십시오.
- 문제지 유형과 수험번호를 검정색 수성사인펜, 볼펜 등으로 바르게 ● 표기하십시오.
  ※ 수험번호는 아래비어있는 6자리 작성 후 표기
- '감독확인'란은 응시자가 작성하지 않으며, 감독확인이 없는 답안지는 무효 처리합니다.
- 답안지는 구기거나 접지 마시고, 절대 낙서하지 마십시오.
- 이중 표기 등 잘못된 기재로 인한 OMR기의 인식 오류는 응시자 책임이므로 주의하시기 바랍니다.

바른 표기	잘못된 표기	
●	⊘ ⊘ ⊙ ⊗	

- 응시자는 시험시간이 종료되면 즉시 답안작성을 멈춰야 하며, 감독위원의 답안지 제출지시에 불응할 때에는 당해 시험은 무효 처리됩니다.

소방안전관리자 1급
5개년 기출문제 | 무료강의

2022.　6. 20. 초 판 1쇄 발행
2023.　1.　4. 초 판 2쇄 발행
2023.　2. 22. 1차 개정증보 1판 1쇄 발행
2023.　5.　3. 1차 개정증보 1판 2쇄 발행
2023.　7. 19. 1차 개정증보 1판 3쇄 발행
2024.　1.　3. 2차 개정증보 2판 1쇄 발행
2024.　7. 10. 3차 개정증보 3판 1쇄 발행
2025.　1. 22. 3차 개정증보 3판 2쇄 발행

지은이 | 공하성
펴낸이 | 이종춘
펴낸곳 | BM (주)도서출판 성안당

주소 | 04032 서울시 마포구 양화로 127 첨단빌딩 3층(출판기획 R&D 센터)
　　　 10881 경기도 파주시 문발로 112 파주 출판 문화도시(제작 및 물류)

전화 | 02) 3142-0036
　　　 031) 950-6300

팩스 | 031) 955-0510
등록 | 1973. 2. 1. 제406-2005-000046호
출판사 홈페이지 | www.cyber.co.kr
ISBN | 978-89-315-8694-7 (13530)
정가 | 29,500원

이 책을 만든 사람들
기획 | 최옥현
진행 | 박경희
교정·교열 | 김혜린
전산편집 | 전채영
표지 디자인 | 박현정
홍보 | 김계향, 임진성, 김주승, 최정민
국제부 | 이선민, 조혜란
마케팅 | 구본철, 차정욱, 오영일, 나진호, 강호묵
마케팅 지원 | 장상범
제작 | 김유석

www.cyber.co.kr
성안당 Web 사이트